PHP 程序设计案例教程

主　编　杨　波　姚秋芳　王卫华
副主编　周小龙　付鹏鹏　胡振波　刘剑利
参　编　陈忠性　陈家抒　李　黔　刘　东
　　　　郭成根

北京理工大学出版社
BEIJING INSTITUTE OF TECHNOLOGY PRESS

内 容 简 介

本书从初学者的角度出发，通过易于理解的语言和丰富的实例，全面介绍了使用 PHP 语言进行网站开发所需掌握的技术。全书共分为 11 个项目，内容包括 PHP 环境搭建与开发工具、PHP 语言基础、流程控制语句、PHP 数组、Cookie 与 Session、图形图像处理技术、MySQL 数据库基础以及 MySQL 数据库的 PHP 操作等，此外，还介绍了开发电子商务网站等内容。书中所有的知识点都结合具体实例进行介绍，所涉及的程序代码均附有详细的注释，读者可以轻松领悟 PHP 程序开发的精髓，并迅速提高 PHP 程序开发技能。

本书可作为 PHP 程序开发的初学者以及大中专相关专业学生的教材，也可作为 Web 应用开发人员的参考用书。

图书在版编目（CIP）数据

PHP 程序设计案例教程 / 杨波，姚秋芳，王卫华主编.

北京：北京理工大学出版社，2025. 1.

ISBN 978-7-5763-4903-0

Ⅰ. TP312.8

中国国家版本馆 CIP 数据核字第 2025E2T975 号

责任编辑：钟　博　　　文案编辑：钟　博
责任校对：刘亚男　　　责任印制：施胜娟

出版发行 / 北京理工大学出版社有限责任公司

社　　址 / 北京市丰台区四合庄路 6 号

邮　　编 / 100070

电　　话 / （010）68914026（教材售后服务热线）

　　　　　　（010）63726648（课件资源服务热线）

网　　址 / http://www.bitpress.com.cn

版 印 次 / 2025 年 1 月第 1 版第 1 次印刷

印　　刷 / 定州启航印刷有限公司

开　　本 / 889 mm×1194 mm　1/16

印　　张 / 18

字　　数 / 358 千字

定　　价 / 90.00 元

图书出现印装质量问题，请拨打售后服务热线，**负责调换**

随着互联网的飞速发展，网页成为信息展示、交互的重要平台，前、后端开发的分工也逐渐清晰。PHP 作为一门经典的后端开发语言，在快速开发小型网站和轻量化应用方面具有不可替代的优势。其易学性、广泛的应用生态以及较低的上手门槛，使其依然是动态网页开发的重要选择之一，尤其适用于中小型项目开发及个人站点构建。

近年来，尽管部分大型企业的技术栈逐渐向其他后端语言（如 Python、Node.js）迁移，但 PHP 仍然在内容管理系统（CMS）、电子商务平台、在线论坛、博客系统等领域占据重要地位。WordPress（全球流行的博客与内容管理系统）、Drupal（适用于复杂内容管理的 CMS）、Magento（专业电子商务平台）等众多知名开源项目均基于 PHP 开发，展现了其在 Web 应用领域的强大生命力。尤其是对于初学者来说，通过学习 PHP 可以迅速掌握动态网页开发的基本技能，从而搭建起完整的前后端技术体系。

本书是对《Web 前端开发（第 2 版）》的延续与拓展。对于已经掌握 Web 前端开发基础的学习者，本书通过系统的 PHP 后端开发教学，为他们打开动态网页开发的新大门。两本书相辅相成，共同构成了从前端到后端的完整学习路径，为学习者进一步提升开发能力奠定基础。

本书共有 11 个项目，每个项目按照"任务驱动"的逻辑展开，涵盖从基础知识到实际案例的综合应用。具体项目内容包括 PHP 编程基础、流程控制、文件上传、会话管理、数据库操作等，逐步深入，层层递进。

本书具有以下特点。

（1）知识系统：涵盖 PHP 后端开发所需的知识点，结构清晰、重点突出。

（2）案例驱动：所有知识点均通过经典案例展开，理论与实践紧密结合。

（3）易学易用：由浅入深，逐步推进，便于初学者快速上手、进阶学习者系统掌握。

（4）解析透彻：针对学习过程中的常见疑难，提供详细的案例解析，避免读者走弯路。

（5）资源丰富：附带丰富的配套资料，包括教学视频、代码示例、拓展阅读等，便于读者深入学习。

本书不仅适合 PHP 程序设计初学者使用，还可作为中、高级开发者的参考手册。书中大量的案例模拟了真实的企业设计场景，对实际开发工作有现实的借鉴意义。

本书在编写过程中参考了许多国内外学者的成果及互联网资料，在此对原作者深表感谢。由于编者的时间、水平有限，书中难免存在缺点和不足之处，敬请各位专家、广大读者和同行指正。

编　者

项目素材

项目 1

PHP 编程介绍及开发环境安装

1.1 项目描述

　　PHP 是全球最普及、应用最为广泛的互联网开发语言之一。PHP 具有简单、易学、源码开放、可操作多种数据库、支持面向对象的编程、支持跨平台操作以及完全免费等特点，深受广大程序员的喜爱和认同。PHP 目前拥有几百万用户，发展速度很快，是初学者进行 Web 开发的一大利器。

　　本项目的学习要点如下。

　　(1) PHP 的发展历程。

　　(2) PHP 的应用领域。

　　(3) PHP 的优势。

　　(4) PHP 开发环境的安装及使用。

　　(5) Sublime Text 编辑器的安装及使用。

1.2 知识准备

PHP 起源于 1995 年，由拉斯马斯·勒德尔夫（Rasmus Lerdorf）开发。到现在，PHP 已经经历了 20 多年的发展，成为全球最受欢迎的脚本语言之一。目前 PHP 的最新版本为 8.0，本书使用的 PHP 版本为 PHP 7.3.4。

🖥 1.2.1 PHP 的发展历程

今天的 PHP 实际上是名为 PHP/FI 的产品的继承作品。PHP 的第一个化身由拉斯马斯·勒德尔夫于 1994 年创建，开始是拉斯马斯·勒德尔夫为了维护个人网页而制作的一个简单的用 Perl 语言编写的程序。该程序用来显示拉斯马斯·勒德尔夫的个人履历以及统计网页流量，后来用 C 语言重新编写，还可以访问数据库。拉斯马斯·勒德尔夫将该程序和一些表单直译器整合起来，称为 PHP/FI。PHP/FI 可以和数据库连接，用来编写简单的动态网页程序。1995 年 6 月 8 日，拉斯马斯·勒德尔夫将 PHP/FI 的源代码公开发布（即 PHP/FI 1.0 版本），并编写了介绍此程序的文档，提供了访客留言本、访客计数器等简单的功能。此后，越来越多的网站使用 PHP，用户强烈要求增加一些特性。社群的许多新成员加入开发行列，加速开发程序和修复代码错误，并对其进行整体改进。1995 年 10 月，拉斯马斯·勒德尔夫发布了完全重写的代码，称为"Personal Home Page Construction Kit"，该语言在设计结构上类似 C 语言，使熟悉 C 语言、Perl 语言和类似语言的开发人员可以轻松接受。

1996 年 6 月，PHP/FI 版本 2.0 发布，此版本结合过去版本的改进，代码又得到了彻底的改造，真正实现了将 PHP 从一套工具发展为一种独立的语言，包含对 DBM、mSQL 和 Postgres95 数据库、Cookie、用户定义函数等的内置支持。

PHP 3.0 是第一个与现在的 PHP 版本非常类似的版本。1997 年，以色列特拉维夫的 Andi Gutmans 和 Zeev Suraski 在为大学项目开发电子商务程序时发现 PHP/FI 2.0 效率低下且功能明显不足，于是对底层解析器进行了一次完全重写。他们和拉斯马斯·勒德尔夫决定合作开发一种新的独立编程语言。这种全新的编程语言以新名称发布，他们将其重命名为"PHP"，其含义变成了递归缩写——PHP：Hypertext Preprocessor。

1998 年的冬天，PHP 3.0 版本发布后不久，Andi Gutmans 和 Zeev Suraski 开始着手重写 PHP 核心。其设计目标是增强复杂程序运行时的性能和 PHP 自身代码的模块性。经过不懈努力，Zend 引擎研发成功并且实现了设计目标，并在 1999 年中期被引入 PHP。基于该引擎并结合了更多新功能的 PHP 4.0 版本于 2000 年 5 月正式发布。除具有更高的性能以外，

PHP 4.0 版本还包含一些关键功能，例如支持更多 Web 服务器、支持 HTTP Session、支持输出缓冲、具有更安全的用户输入和一些新的语言结构。

经过长时间的开发及几次预发布后，PHP 5.0 版本于 2004 年 7 月发布，它主要由 Zend Engine 2.0 核心驱动，具有新的对象模型和数十个新功能。

PHP 7.0 版本的基础是一个 PHP 分支，最初被称为 PHP 下一代（PHPNG）。它由 Dmitry Stogov、Xinchen Hui 和 Nikita Popov 编写，旨在通过重构 Zend 引擎来优化 PHP 性能，同时保持近乎完整的语言兼容性。到 2014 年 7 月 14 日，PHPNG 的基准测试显示出几乎 100% 的性能提升，2015 年 12 月，PHP 7.0 版本正式诞生。

PHP 8.0 版本是 PHP 的一个主版本更新。它包含了很多新功能与优化项，包括命名参数、联合类型、注解、构造器属性提升、match 表达式、nullsafe 运算符、JIT，并改进了类型系统、错误处理、语法一致性。

1.2.2　PHP 的应用领域

PHP 无处不在，它可应用于任何领域，并且已拥有几百万用户，其发展速度快于在它之前的任何一种计算机语言。PHP 能够给企业和最终用户带来很多好处。据统计，全世界有超过2 200万个网站和 1.5 万家公司在使用 PHP。在互联网高速发展的今天，PHP 的应用领域非常广泛。PHP 的应用领域如下。

（1）中小型网站开发。

（2）大型网站的业务逻辑结果展示。

（3）Web 办公管理系统开发。

（4）硬件管控软件的 GUI。

（5）电子商务应用。

（6）Web 应用系统开发。

（7）多媒体系统开发。

（8）企业级应用开发。

（9）移动互联网开发。

1.2.3　PHP 的优势

PHP 起源于自由软件，即开放源代码软件。使用 PHP 进行 Web 应用程序开发的优势如下。

（1）安全性高。PHP 具有公认的安全性能，其程序代码与 Apache 编译在一起的方式使它具有灵活的安全设定。

（2）跨平台特性。PHP 几乎支持所有操作系统平台，如 Windows、UNIX、Linux、

FreeBSD、OS2 等，并且支持 Apache、Nginx、IIS 等多种 Web 服务器。

（3）支持广泛的数据库。PHP 可操纵多种主流和非主流的数据库，如 MySQL、Access、SQL Server、Oracle 等。其中 PHP 与 MySQL 是目前最佳的组合，它们的组合可以跨平台运行。

（4）易学易用。PHP 以脚本语言为主，内置丰富的函数，语法简单，方便学习掌握。

（5）执行速度快。PHP 占用系统资源少，代码执行速度快。

（6）开源、免费。在流行的个人应用中，Apache、Nginx、PHP 均为免费软件，且支持多个版本切换。

（7）支持面向对象和面向过程两种开发风格，并可向下兼容。

（8）模块化。PHP 可实现程序逻辑与用户界面分离。

🖥 1.2.4　PHP 开发环境安装

安装
PhpStudy

PHP 网站的开发与运行需要 Web 容器的支持，除此之外，Web 应用通常也会与数据库产生交互，PHP 网站的运行也需要数据库软件的支持。phpStudy 是一个 PHP 调试环境的程序包。该程序包集成最新的 Apache+PHP+MySQL+phpMyAdmin+ZendOptimizer，一次性安装，无须配置即可使用，是非常方便好用的 PHP 调试环境。

phpStudy 软件可以直接在 phpStudy 官网"https://www.xp.cn/download.html"下载，如图 1-1 所示，本项目使用的是 phpStudy v8.1 版本。

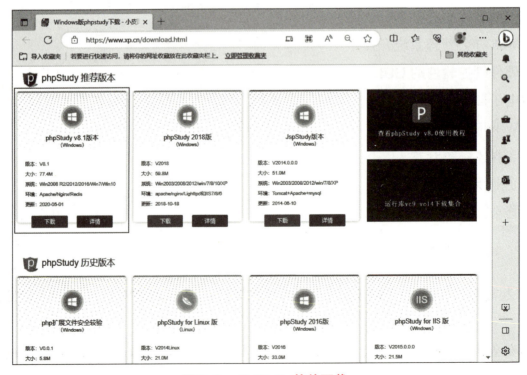

图 1-1　phpStudy 软件下载

下载"phpStudy_64. zip"后，将压缩包解压到当前文件夹，如图 1-2 所示。

图 1-2   解压压缩包

用鼠标右键单击"phpstudy_x64_8.1.1.3. exe"，选择"以管理员身份运行"命令，进入安装界面，单击"自定义选项"按钮可看到默认安装路径，如图 1-3 所示。

注：若需更改默认安装路径，注意路径中不能出现中文或者空格。

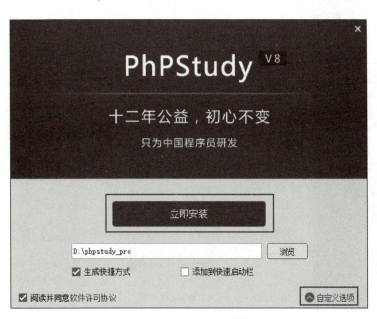

图 1-3   phpStudy 安装界面

单击"立即安装"按钮即可开始 phpStudy 安装，安装完成界面如图 1-4 所示。

单击"安装完成"按钮可进入 phpStudy 主界面，同时 Windows 桌面上会生成"phpstudy_pro"快捷方式。phpStudy 主界面如图 1-5 所示。

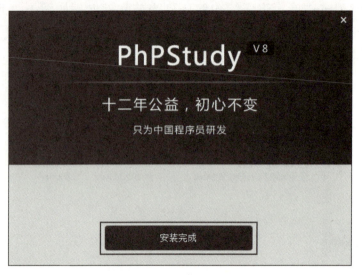

图 1-4　安装完成界面

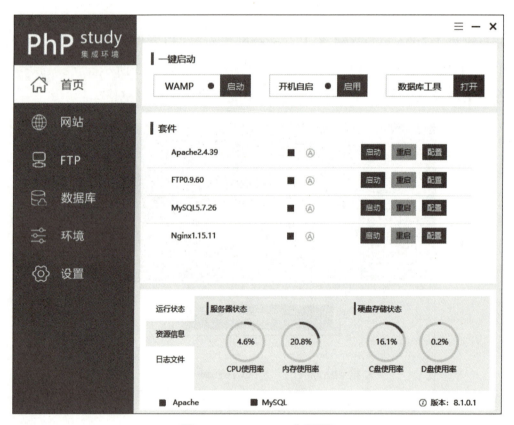

图 1-5　phpStudy 主界面

1. 2. 5　Sublime Text 编辑器安装

安装
Sublime
编辑器

　　PHP 文件包含 HTML、JavaScript 代码和 PHP 代码，PHP 文件名以".php"为后缀。用户在创建时可以使用多种编辑器，Windows 自带的记事本和写字板由于开发效率低、代码不容易阅读等缺点，使用的人很少；效率相对高的有 Sublime Text、UltraEdit、EditPlus、Notepad++、VIM 等，此类工具提供代码高亮显示、多文件编辑、显示行数等功能。本书采用 Sublime Text

作为 PHP 文件及 HTML 文件的编辑器。

Sublime Text 编辑器提供了代码智能提示、智能补全等功能，使代码输入更加智能和便捷，大大提高了开发效率，而且 Sublime Text 相对轻巧灵活，界面清爽，因此受到很多用户的青睐。

Sublime Text 编辑器安装包可以从官网"https://www.sublimetext.com/3"下载，选择"Windows 64 bit"版本安装包下载，如图 1-6 所示。

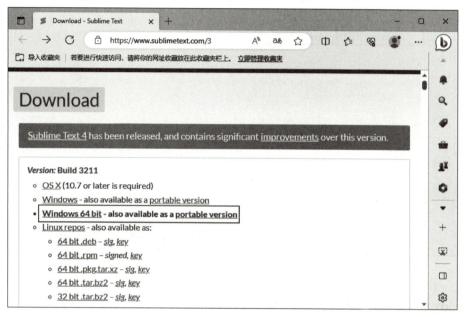

图 1-6　Sublime Text 编辑器安装包下载网站

用鼠标右键单击"Sublime Text Build 3211 x64 Setup.exe"，选择"以管理员身份运行"命令，弹出安装向导窗口后，单击"Next"按钮进行安装，如图 1-7 所示。

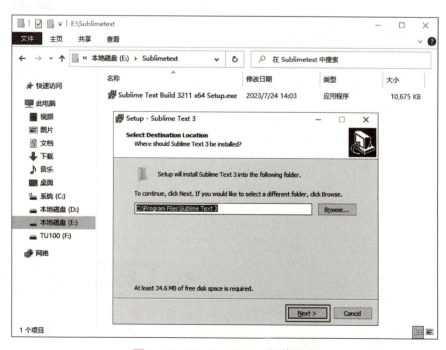

图 1-7　Sublime Text 安装界面

弹出"Select Additional Tasks"界面，勾选"Add to explorer context menu"复选框，单击"Next"按钮，如图 1-8 所示。

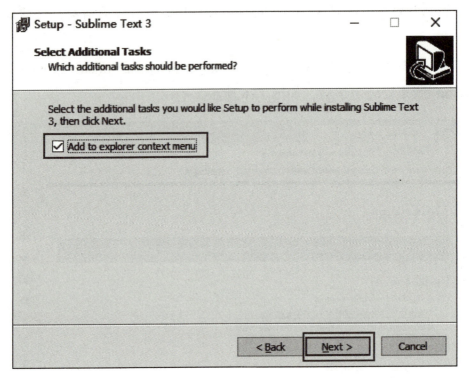

图 1-8　"Select Additional Tasks"界面

弹出"Ready to Install"界面，单击"Install"按钮进行安装，如图 1-9 所示。

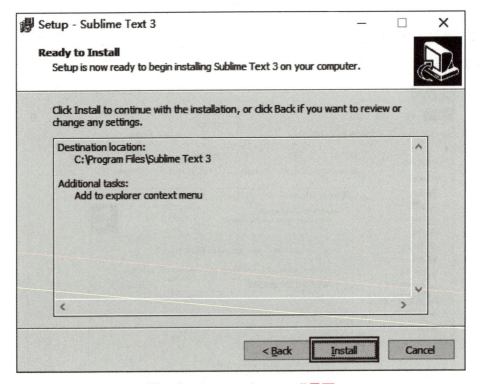

图 1-9　"Ready to Install"界面

弹出安装完成界面，单击"Finish"按钮即可完成安装，如图 1-10 所示。

注：Sublime Text 编辑器的默认安装路径为"C:\Program Files\Sublime Text 3"。

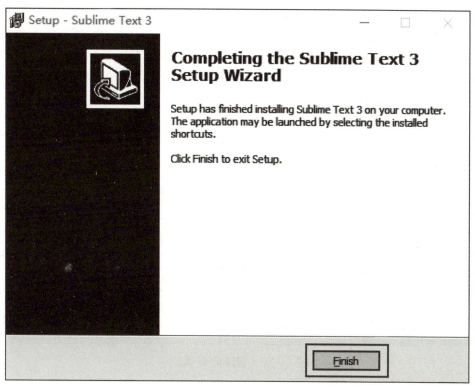

图 1-10　安装完成界面

1.3　项目实施

1.3.1　使用 phpStudy 搭建网站

使用 phpStudy 搭建网站的具体步骤如下。

Step01　删除默认网站。启动 phpStudy 程序，进入导航栏中的"网站"页面，单击"管理"按钮，然后选择"删除"选项，在弹出的对话框中单击"确定"按钮即可删除默认网站，如图 1-11 所示。

PhpStudy
新建网站

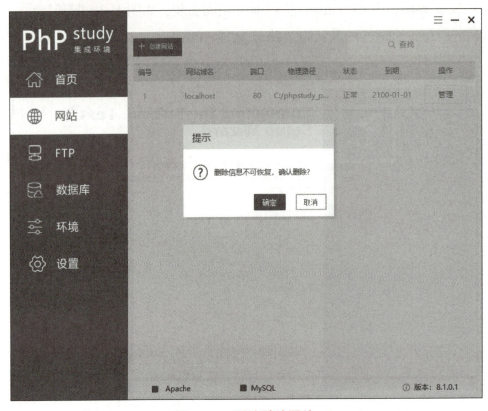

图 1-11 删除默认网站

Step02 开启 Web 服务。进入导航栏中的"首页"页面,单击 Apache 服务后的"启动"按钮,即可开启 Web 服务,如图 1-12 所示。

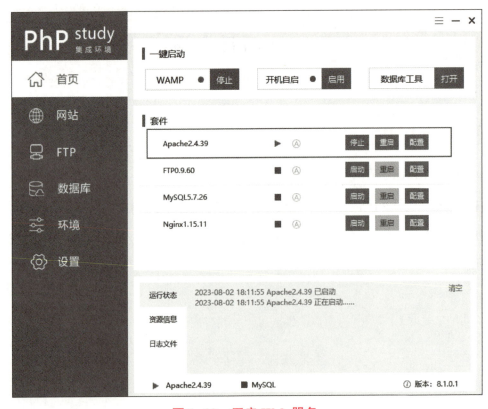

图 1-12 开启 Web 服务

Step03 新建网站。进入导航栏中的"网站"页面，单击"创建网站"，在弹出的对话框中配置网站的相关信息。在"基本配置"选项卡中将"域名"设置为"PHPWEB"（以便后续项目的实施），"端口"默认设置为"http"和"80"，选择"根目录"为"D:/phpstudy_pro/WWW/"，"PHP版本"保持默认即可，然后单击"确认"按钮即可创建一个新的网站，如图1-13所示，在弹出的"提示"对话框中，单击"好"按钮重启Web服务。

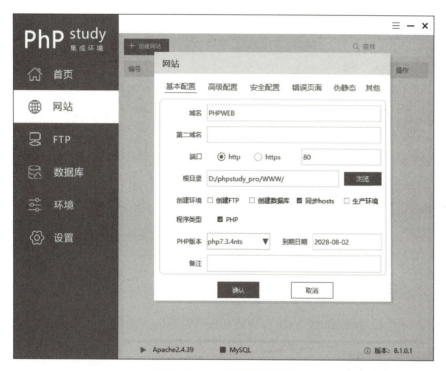

图1-13 网站基本配置

Step04 访问网站。在Microsoft Edge浏览器的地址栏中输入域名"phpweb/"即可成功访问网站，如图1-14所示。

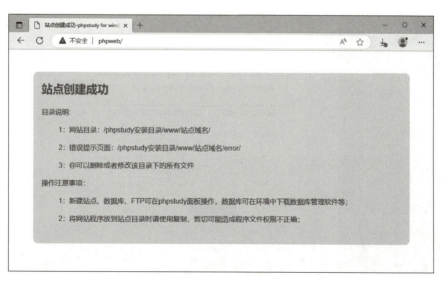

图1-14 成功访问网站

1.3.2 使用 phpStudy 配置网站

使用 phpStudy 配置网站的具体操作步骤如下。

<kbd>Step01</kbd> 新建网站项目。进入导航栏中的"网站"页面，单击"管理"按钮，然后选择"打开根目录"选项进入网站根目录下，新建名为"PHPWEB"的项目文件夹，如图 1-15 所示。

图 1-15 新建项目文件夹

<kbd>Step02</kbd> 修改网站根目录。单击"管理"按钮，然后选择"修改"选项，在弹出的对话框中设置"根目录"为"D:/phpstudy_pro/WWW/PHPWEB"，如图 1-16 所示。

图 1-16 修改网站根目录

Step03　开启目录索引。单击"高级配置"选项卡，设置"目录索引"为开启状态，如图 1-17 所示，单击"确认"按钮。

图 1-17　开启目录索引

Step04　设置目录索引。进入 PHPWEB 项目下创建文件夹"a"和空白文件"b. txt"，然后在浏览器的地址栏中输入"phpweb/"，即可成功访问网站，如图 1-18 所示。为了便于后续项目的实施，这里将 PHPWEB 项目中所有文件删除。

图 1-18　设置目录索引

1.3.3 使用 phpStudy 管理软件

使用 phpStudy 管理数据库软件的具体操作步骤如下。

管理数据库

Step01　卸载数据库。进入导航栏中的"环境"页面，在"全部环境"选项卡中，单击"数据库"右侧的"卸载"按钮，在弹出的"提示"对话框中单击"确定"按钮，再单击"好"按钮，即可成功卸载数据库，如图 1-19 所示。然后，进入导航栏中的"首页"页面，可以看见数据库已经被卸载，如图 1-20 所示。

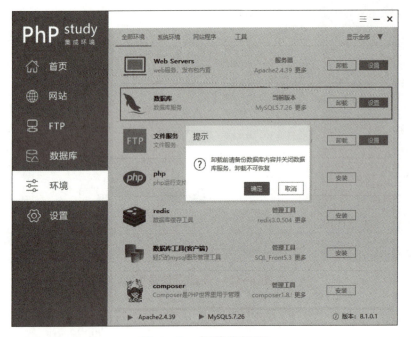

图 1-19　卸载数据库

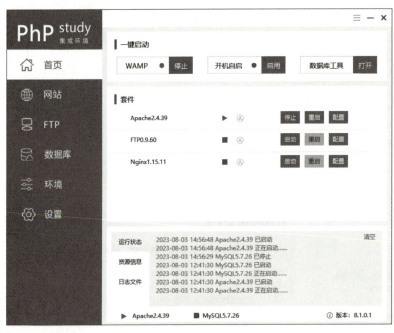

图 1-20　数据库卸载成功

Step02　安装数据库。进入导航栏中的"环境"页面，在"全部环境"选项卡中，单击
"数据库"右侧的"安装"按钮，开始安装数据库，如图 1-21 所示。数据库安装成功后单击
"好"按钮，然后进入导航栏中的"首页"页面，可以看到数据库已经安装。

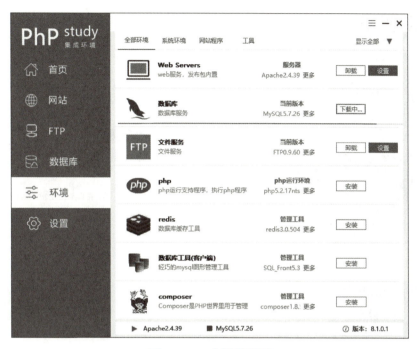

图 1-21　安装数据库

Step03　快速打开数据库的配置文件。进入导航栏中的"设置"页面，在"配置文件"
选项卡中，单击"mysql. ini"按钮，再单击"MySQL5. 7. 26"按钮，可以打开 MySQL5. 7. 26
数据库的配置文件，如图 1-22 所示。

图 1-22　快速打开数据库的配置文件

15

Step04　快速进入数据库的安装位置。进入导航栏中的"设置"页面，在"文件位置"选项卡中，选择"MySQL"→"MySQL5.7.26"选项，可进入 MySQL5.7.26 数据库的安装位置，如图 1-23 所示。

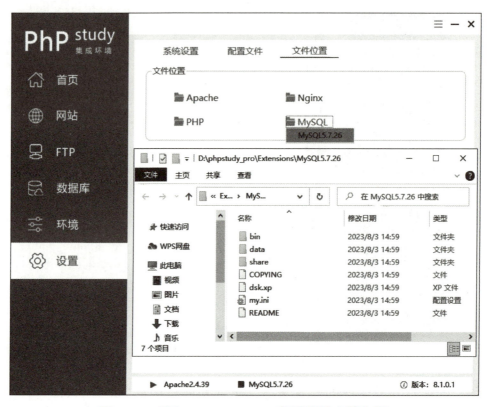

图 1-23　进入 MySQL5.7.26 数据库的安装位置

📺 1.3.4　Sublime Text 编辑器的简单使用

通过本节的学习，熟练掌握使用 Sublime Text 编辑器操作文件和文件夹的方法，具体步骤如下。

Sublime
基本用法

Step01　启动 Sublime Text 编辑器。双击桌面上的"Sublime Text"快捷方式启动 Sublime Text 编辑器，如图 1-24 所示。

Step02　打开文件夹。单击"File"菜单，选择"Open Folder"命令，在弹出的对话框中选择网站根目录"PHPWEB"项目文件夹，如图 1-25 所示。单击"选择文件夹"按钮后，如图 1-26 所示。

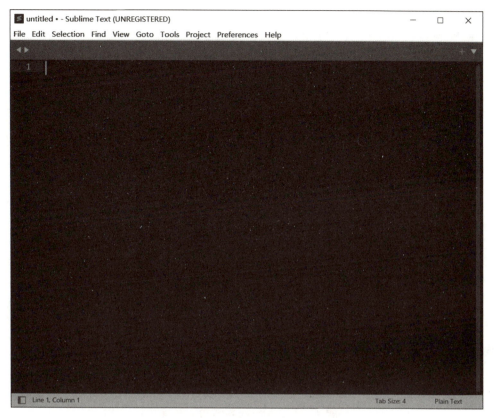

图 1-24　启动 Sublime Text 编辑器

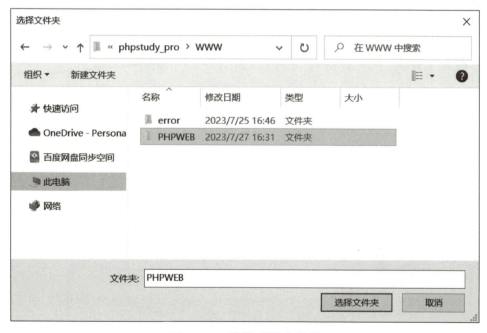

图 1-25　选择项目文件夹

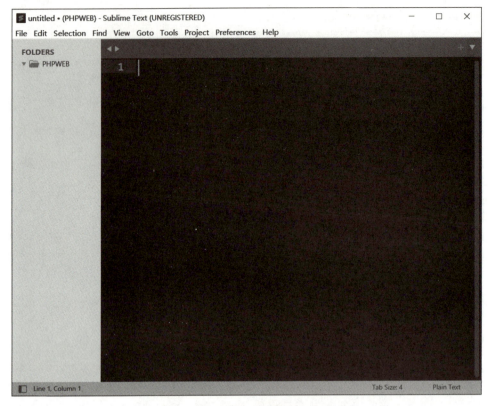

图 1-26　成功打开项目文件夹

Step03　新建文件。单击"File"菜单，选择"New File"命令（快捷键"Ctrl+N"）新建文件，按快捷键"Ctrl+S"保存文件，在弹出的对话框中选择该文件保存的位置（"PHPWEB"项目文件夹），输入文件名，单击"保存"按钮，如图 1-27 所示。

图 1-27　新建文件

Step04　新建文件夹。用鼠标右键单击"PHPWEB"文件夹，在快捷菜单中选择"New Folder"命令，在底部弹出的输入框中输入文件夹名称"A"，如图 1-28 所示，按 Enter 键可成功创建文件夹，如图 1-29 所示。

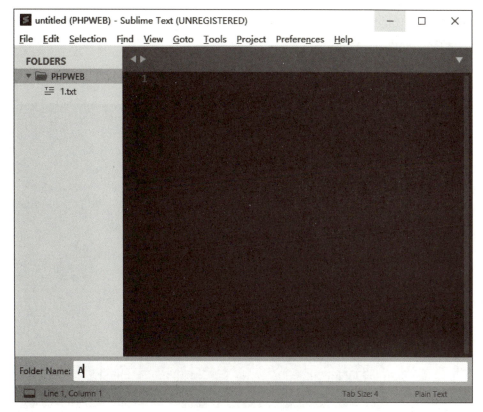

图 1-28　新建文件夹

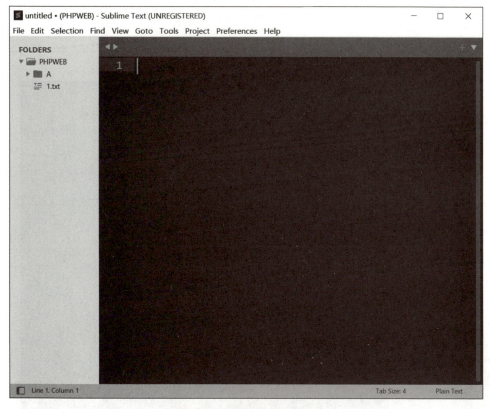

图 1-29　新建文件夹成功

Step05 修改文件夹的名称。用鼠标右键单击要修改名称的文件夹，在快捷菜单中选择"Rename"命令，在底部弹出的输入框中将"A"修改为"B"，如图1-30所示，按 Enter 键可修改文件夹名称，如图1-31所示。

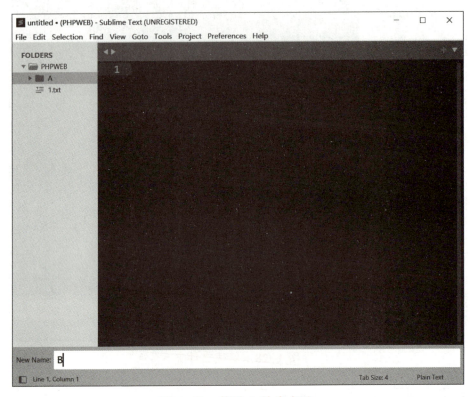

图 1-30　修改文件夹名称

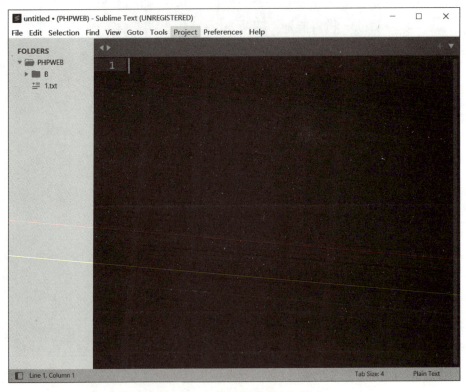

图 1-31　文件夹名称修改成功

Step06　删除"1. txt"文件。用鼠标右键单击"1. txt"文件，在快捷菜单中选择"Delete File"命令，可成功删除"1. txt"文件，如图 1-32 所示。

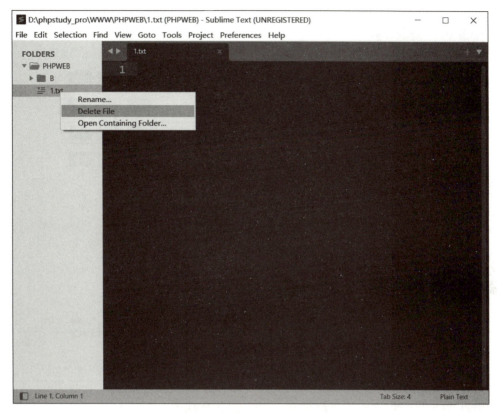

图 1-32　删除"1. txt"文件

1.4　项目拓展

通过项目拓展，学习环境变量的配置方法，通过命令行快速连接数据库，具体操作步骤如下。

Step01　开启数据库服务。启动 phpStudy 程序，进入导航栏中的"首页"页面，单击 MySQL 服务右侧的"启动"按钮，可开启 MySQL 数据库服务，如图 1-33 所示。

配置数据库
环境变量

Step02　复制数据库下"bin"目录的绝对路径。进入导航栏中的"设置"页面，单击"文件位置"选项卡，选择"MySQL"→"MySQL5. 7. 26"选项，进入 MySQL5. 7. 26 数据库的安装位置，双击"bin"文件夹，复制地址栏中"bin"目录的绝对路径，如图 1-34 所示。

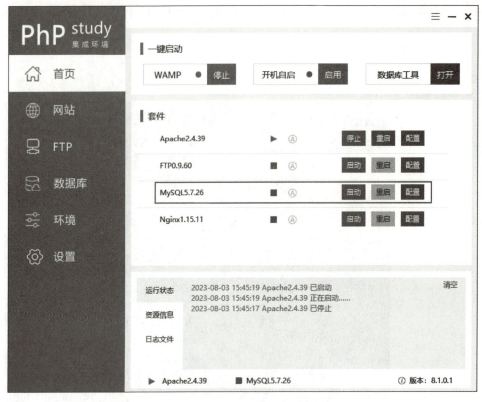

图 1-33　开启 MySQL 数据库服务

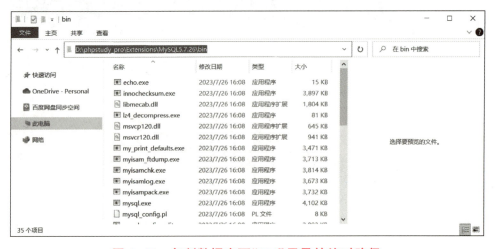

图 1-34　复制数据库下"bin"目录的绝对路径

　　Step03　配置环境变量 Path。用鼠标右键单击"此电脑"图标，在快捷菜单中选择"属性"命令，在打开的窗口中单击左侧的"高级系统设置"链接，在"系统属性"对话框中单击"环境变量"按钮，在"环境变量"对话框中的系统变量列表中选择 Path 环境变量，单击"编辑"按钮打开"编辑环境变量"对话框，单击"新建"按钮，粘贴上一步复制的"bin"目录的绝对路径，如图 1-35 所示，最后单击三次"确定"按钮完成环境变量配置。

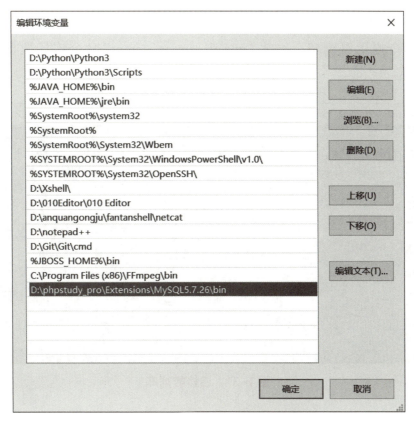

图 1-35　配置数据库的环境变量

Step04　查看数据库的密码。进入 phpStudy 软件导航栏中的"数据库"页面，移动鼠标到隐藏的密码上，可以查看数据库的默认密码，如图 1-36 所示。

图 1-36　查看数据库密码

Step05 连接数据库。使用快捷键"Win+R"打开"运行"对话框，然后输入"cmd"按 Enter 键，打开命令提示符窗口，输入"mysql -uroot -proot"命令连接数据库，如图 1-37 所示。

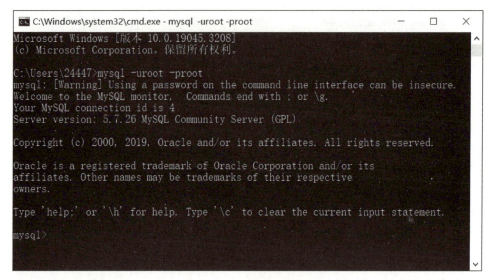

图 1-37　连接数据库

1.5　项目小结

通过本项目的学习，读者能描述 PHP 的发展历程、应用领域和优势，会安装 phpStudy 和 Sublime Text 编辑器两款软件。通过项目实施和项目拓展的学习，读者能熟练使用 Sublime Text 编辑器，能使用 phpStudy 新建网站、配置网站，并且管理软件，不仅会安装 phpStudy 集成环境，还能举一反三地安装和卸载 Apache、Nginx、MySQL 、FTP 等软件。本项目知识小结如图 1-38 所示。

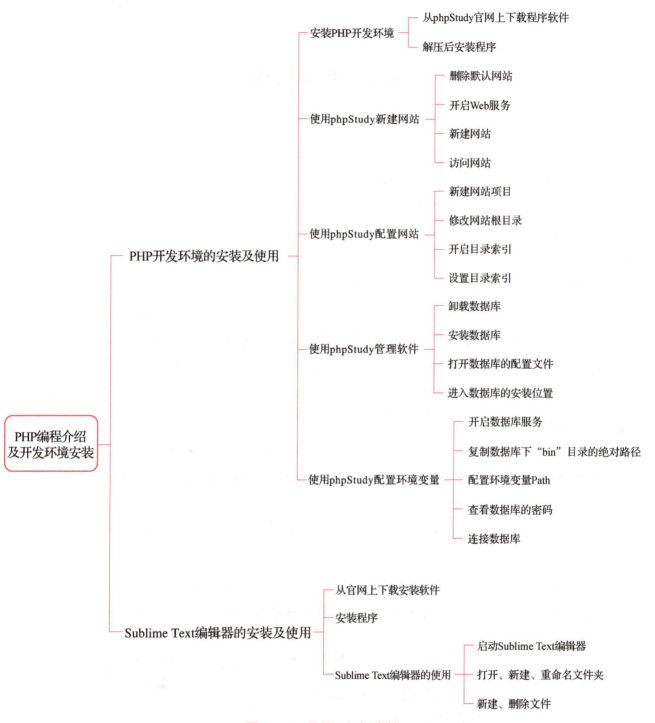

图 1-38　项目 1 知识小结

1.6　知识巩固

一、单选题

1. phpStudy 的默认服务端口号是(　　　)。

A. 21　　　　　　　　B. 8080　　　　　　　　C. 80　　　　　　　　D. 3306

2. MySQL 的默认服务端口号是(　　　)。

A. 21　　　　　　　　B. 8080　　　　　　　　C. 80　　　　　　　　D. 3306

3. FTP 的默认服务端口号是(　　　)。

A. 21　　　　　　　　B. 8080　　　　　　　　C. 80　　　　　　　　D. 3306

4. 关于在 Windows 操作系统下进行 PHP 开发环境搭建的说法中错误的是(　　　)。

A. Apache 的默认端口号是 80　　　　　　B. MySQL 的进程名为"mysqld. exe"

C. MySQL 的默认端口号是 3306　　　　　D. "apache -k install"命令表示卸载 Apache 服务

5. 关于 PHP 运行环境的说法中错误的是(　　　)。

A. PHP 是语言引擎　　　　　　　　　　　B. Apache 是 Web 服务器

C. MySQL 是数据库　　　　　　　　　　　D. PHP、Apache、MySQL 不可以分别安装

6. PHP 配置文件的名称是(　　　)。

A. httpd. conf　　　　B. php. ini　　　　C. my. ini　　　　D. hosts

二、多选题

1. phpStudy 是一个 PHP 调试环境的程序包,它包含了以下哪些组件? (　　　)

A. Apache　　　　　　B. MySQL　　　　　　C. phpMyAdmin　　　　D. Sublime Text

2. PHP 的优势是(　　　)。

A. 开放源代码　　　　B. 免费　　　　　　C. 跨平台性强　　　　D. 面向对象

3. 关于 PHP 开发环境搭建的说法中正确的是(　　　)。

A. MySQL 服务器的进程名为"mysqld. exe"

B. MySQL 的默认端口号是 3306

C. Nginx 的默认端口号是 80

D. "httpd -k install"命令表示安装 Apache 服务

4. 能够管理 MySQL 数据库的工具软件有(　　　)。

A. phpMyAdmin　　　　B. SQL_front　　　　C. redis　　　　　　D. composer

1.7　实战强化

请参照项目实施的内容，使用 Nginx 服务器搭建一个 PHP 站点，创建"index. php"文件，编写代码，完成图 1-39 所示效果。

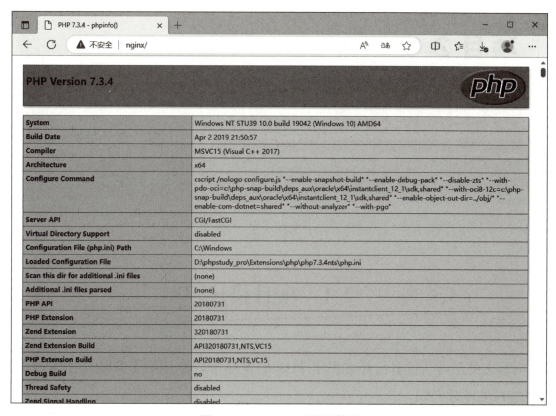

图 1-39　phpinfo 显示效果

项目 2

PHP 编程基础

2.1 项目描述

通过项目 1 的学习，读者已经掌握了 PHP 的发展历程及相关工具的使用方法。本项目介绍 PHP 编程的基础知识。

本项目学习要点如下。

(1) PHP 标记风格。

(2) PHP 注释的应用。

(3) PHP 打印函数。

(4) PHP 常量。

(5) PHP 变量。

(6) PHP 数据类型。

(7) PHP 数据类型转换。

2.2　知识准备

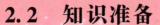

2.2.1　PHP 标记风格

编程语言都有自己独特的标记风格，PHP 也是如此。在语法规范中，PHP 支持 4 种标记风格，分别为 XML 风格、脚本风格、简短风格和 ASP 风格。在日常编程中，为了保证代码格式的统一性和可拓展性，建议使用 XML 风格。

1. XML 风格

XML 风格是使用最多的标记风格，也是本书所用的标记风格。该风格使用"<? php 代码块? >"进行标记，在 XML、XHTML 中都可以使用。例如：

```
1. <? php
2. echo   "这是 XML 风格的标记";
3. ? >
```

2. 脚本风格

脚本风格使用"<script language="php">代码块</script>"进行标记。例如：

```
1. <script   language="php">
2.   echo   "这是脚本风格的标记";
3. </script>
```

3. 简短风格

简短风格在使用前需要在"php. ini"配置文件中将 short_open_tag 参数设置为 On。简短风格使用"<? 代码块? >"进行标记。例如：

```
1. <?
2.   echo   "这是简短风格的标记";
3. ? >
```

4. ASP 风格

ASP 风格在使用前需要在"php. ini"配置文件中将 short_open_tag 和 asp_tags 参数设置为 On，并且只能在 PHP 5.4 版本以下使用。ASP 风格使用"<%代码块%>"进行标记。例如：

```
1. <%
2. header("content-Type:text/html;charset=utf-8");   //定义文档编码方式
3. echo   "这是 ASP 风格的标记";
4. %>
```

2.2.2 PHP 注释的应用

注释是编程中非常重要的一个功能，一般来说注释用来帮助程序员记录程序设计方法，辅助程序阅读。当学习别人的代码时，可能需要花费大量时间了解代码的主体框架及功能含义，注释可以大幅缩短代码的阅读时间，因此培养写注释的好习惯是至关重要的。

注释即代码的解释和说明，一般放在代码的上方或代码的尾部，用来说明代码或函数的编写人、用途、时间等。注释不会影响程序的执行，程序执行时注释部分会被解释器忽略不计。

PHP 支持 3 种注释格式，分别是"//"单行注释、"#"单行注释，"/* * /"多行注释。

1. "//"单行注释

"//"单行注释通常写在 PHP 语句的上方或后方。例如：

```
1.<? php
2.//写在 PHP 语句上方的单行注释
3. echo    "单行注释";      //这是写在 PHP 语句后面的单行注释
4.? >
```

使用"//"单行注释时，注释内容中不能出现"? >"标志，否则解释器会认为 PHP 脚本到此已经结束。

例 2-1：："//"单行注释的使用。在网站根目录"D:\phpstudy_pro\WWW\PHPWEB"下新建"project2\例 2-1. php"，"例 2-1. php"文件内容如下(实例位置：资源包\实验源码\project2\例 2-1. php)。

```
1.<? php
2.    echo    "单行注释";      //这是写在 PHP 语句后面的? >单行注释
3.? >
```

"例 2-1. php"运行后浏览器界面显示内容如图 2-1 所示。

图 2-1   浏览器界面显示内容

2. "#"单行注释

"#"单行注释的使用方法与"//"单行注释的使用方法相同，也需要注意注释内容中不能出现"? >"。

3. "/* */"多行注释

"/* */"多行注释分为代码块注释和文档注释。代码块注释是将一部分代码注释掉，被注释掉的代码不会被解释器执行。文档注释是将多行文档一同放入注释。

例 2-2： 代码块注释。新建"例 2-2. php"文件，文件内容如下(实例位置：资源包\实验源码\project2\例 2-2. php)。

```php
1. <? php
2.   /*
3.   echo   "PHP 注释符学习";
4.   echo   "多行注释";
5.   * /
6.   echo   "欢迎登录";
7.   ? >
```

例 2-3： 文档注释。新建"例 2-3. php"文件，文件内容如下(实例位置：资源包\实验源码\project2\例 2-3. php)。

```php
1. <? php
2.   /*
3.   此文档主要用来学习多行注释。
4.   请严格按照语法规则进行代码编写。
5.   * /
6.   echo   "欢迎登录";
7. ? >
```

例 2-2 与例 2-3 的代码运行完成后"/* 代码块或注释文档* /"内容(第 2 行~第 5 行代码)不会被解释器执行，其运行结果均为"欢迎登录"。

 2.2.3　PHP 输出函数

PHP 输出函数的作用是将需要呈现的内容在浏览器中显示出来，以便程序员查看文件执行的结果。常用的 PHP 输出函数有 echo()、var_dump()、print()、print_r()、printf()。

1. echo( )函数

1)功能

echo() 函数输出一个或多个字符串。

2)语法格式

```
echo(strings)
```

3)参数说明

strings 必需有，其是一个或多个要发送到输出端的字符串。

4）注释

echo 实际不是一个函数，因此不必对它使用括号。如果要传递多个参数给 echo()函数，使用括号会生成解析错误。

5）提示

echo() 函数比 print() 速度稍快。

例 2-4： echo()函数的使用。新建"例 2-4. php"文件，文件内容如下（实例位置：资源包\实验源码\project2\例 2-4. php）。

PHP输出
函数的使用

```
1. <? php
2.    $ a = 5;
3.    $ b = 6;
4.   echo   "a 与 b 的乘积为:",$ a* $ b;
5. ? >
```

例 2-4 的代码运行结果为"a 与 b 的乘积为：30"。

2. var_dump( ) 函数

1）功能

var_dump()函数的主要功能是打印变量的相关信息。此函数显示关于一个或多个表达式的结构信息，包括表达式的类型与值。数组和对象将递归展开值，通过缩进显示其结构。

2）语法格式

```
var_dump( $ expression)
```

3）参数说明

$ expression 指定要输出的变量，可以是单个变量，也可以是多个任何类型的变量表达式。

例 2-5： var_dump()函数的使用。新建"例 2-5. php"文件，文件内容如下（实例位置：资源包\实验源码\project2\例 2-5. php）。

```
1. <? php
2.    $ a = 123;
3.    $ b = array(1,3,5,7);
4.   var_dump( $ a, $ b);
5. ? >
```

例 2-5 通过 var_dump()函数打印整数与数组型变量的相关信息，其运行结果为"int(123) array(4) { [0]=> int(1) [1]=> int(3) [2]=> int(5) [3]=> int(7) }"。

3. print( ) 函数

1）功能

print()函数用于输出字符串。

2）语法格式

print(string)

3）参数说明

string 必需要有，只能输出一个字符串。

4）注释

print 实际上不是函数，而是语言结构，可以不使用圆括号。它和 echo() 函数最主要的区别是它仅支持一个参数，并始终返回 1。

例 2-6：print() 函数的使用。新建"例 2-6. php"文件，文件内容如下（实例位置：资源包\实验源码\project2\例 2-6. php）。

```
1. <? php
2.    print"hello";
3. ? >
```

例 2-6 的代码运行结果为"hello"。

4. printf( ) 函数

1）功能

printf() 函数的功能是输出格式化字符串。

2）语法格式

printf(format,arg1,arg2,…)

3）参数说明

format 为参数输出格式，arg1, arg2, …为打印格式中的变量参数，可以有一个或多个。

在 printf() 函数中，可以使用一些格式化字符串来格式化输出内容。常用的格式化字符串含义如表 2-1 所示。

表 2-1   常用的格式化字符串含义

格式化字符串	含义
％s	输出字符串
％d	输出数字（十进制）
％f	输出浮点数
％. nf	输出指定位数的浮点数（n 为指定的位数）
％c	输出单个字符
％x、％X	输出十六进制数字,％x 输出 0x,％X 输出 0X
％o	输出八进制数字，前面没有前缀
％b	输出二进制数字
％e、％E	输出指数形式的数字,％e 输出 e 表示法,％E 输出 E 表示法

例 2-7：printf()函数的使用。新建"例 2-7. php"文件，文件内容如下（实例位置：资源包\实验源码\project2\例 2-7. php）。

```
1. <? php
2. printf("% f",123);
3. ? >
```

例 2-7 中第 2 行代码"printf("% f', 123);"中"% f"的作用是将参数当作浮点数处理，且作为浮点数呈现，运行结果为"123. 000000"。

5. print_r( ) 函数

1）功能

print_r()函数的功能是打印变量，将变量以更容易理解的形式展示。

2）语法格式

```
print_r(mixed $ expression[,bool $ return])
```

3）参数说明

（1）$ expression：要打印的变量，如果给出的是 string、integer 或 float 类型变量，将打印变量值本身。如果给出的是 array 类型变量，将按照一定格式显示键和元素。object 与 array 类似。

（2）$ return：可选，如果为 true 则不输出结果，而是将结果赋给一个变量，如果为 false 则直接输出结果。

例 2-8：print_r()函数的使用。新建"例 2-8. php"文件，文件内容如下（实例位置：资源包\实验源码\project2\例 2-8. php）。

```
1. <? php
2.    $ a = array(' a' ,' b' ,' c' );
3.    $ b = "PHP 打印函数学习";
4.    print_r( $ b);
5.    print_r( $ a);
6. ? >
```

例 2-8 的代码运行结果为"PHP 打印函数学习 Array ([0] => a [1] => b [2] => c)"。

📺 2. 2. 4 PHP 常量

常量就是值不可更改的量，常量被定义后，在脚本的其他任何位置都不会再发生改变。

1. 常量的定义

常量有两种定义方法，define 和 const 定义的常量在访问权限上有区别。

1）新的定义方法

```
const 常量名 = 常量值;        //PHP 5.3 之后才有
```

2）旧的定义方法

```
define(string $ name,mixed $ value[,bool $ case_insensitive= false])
```

该函数有 3 个参数。

（1）$ name：必选参数，为常量名称，即标志符。

（2）$ value：必选参数，为常量的值。

（3）$ case_insensitive：可选参数，如果设置为 true，则该常量对大小写不敏感，默认对大小写敏感。

自 PHP 7.3.0 开始，定义不区分大小写的常量已被弃用。从 PHP 8.0.0 开始，只有 false 是可接受的值，传递 true 将产生警告。本书采用的 PHP 版本为 7.3.4，在定义常量时不设置 $ case_insensitive 参数。例如下述代码，定义常量 student 的值为"学生小明"。

```
1. <? php
2.    define("student","学生小明");
3. ? >
```

2. 常量命名规则

在 PHP 编程中，常量命名遵循以下规则。

（1）常量不能使用 $ 符号，否则系统会认为是变量。

（2）常量的名称组成有字母、数字、下划线，不能以数字开头。

（3）常量的名称通常以大写字母开头（与变量区分）。

（4）常量命名规则比变量命名规则松散，可以使用一些特殊字符，在该方式下只能使用 define 定义。

3. 常量的使用

可以使用 defined() 函数判断变量是否定义，语法格式如下。

```
defined(string  $ constant_name)
```

其中 $ constant_name 参数为需要检测是否存在的变量名。

例如下面的代码，可通过 defined() 函数检测常量名是否存在。

```
1. <? php
2.    define("student","学生小明");
3.    echo  student. "<br>";         //学生小明
4.    echo  defined("student");      //若常量名存在则 defined() 返回值为 1,若不存在则返回 0
5. ? >
```

4. 预定义常量

可以使用预定义常量获取 PHP 中的信息，这些常量在 PHP 的内核中定义，用户无须定义，可以直接使用。PHP 中常见的预定义常量如表 2-2 所示。

表2-2　PHP中常见的预定义常量

常量名	说明
__LINE__	文件中的当前行号
__FILE__	文件的完整路径和文件名。如果用在被包含文件中，则返回被包含的文件名
__DIR__	文件所在的目录。如果用在被包含文件中，则返回被包含文件所在的目录。它等价于 dirname(__FILE__)。除非是根目录，否则目录中名不包括末尾的斜杠
PHP_VERSION	内置常量，现在是 PHP 的版本
PHP_OS	内置常量，显示 PHP 解析器的操作系统，如 Windows
TRUE	该常量是一个真值(true)
FALSE	该常量是一个假值(false)
NULL	该常量是一个 null 值

2.2.5　PHP 变量

变量是指在程序执行过程中可以变化的量。变量通过变量名表示，系统为程序中的每个变量分配一个存储单元，变量名实质上就是存储单元的名称。因此，借助变量名可以访问内存中的数据。

1. 变量命名规则

在 PHP 编程中，变量命名需要遵循以下规则。

(1)变量以"$"符号开头，其后是变量名。

(2)变量名必须以字母或下划线开头。

(3)变量名不能以数字开头。

(4)变量名只能包含字母、数字和下划线(A~z、0~9以及"_")。

(5)变量名对大小写敏感(如 $y 和 $Y 是两个不同的变量)。

2. 变量的赋值、传值、传址

变量赋值是指给变量赋一个具体的数据值。可以使用赋值运算符"="进行变量赋值。例如：

```
$ a = 22;//将 22 赋值给 $ a
```

变量的值进行相互传递称为变量传值。例如：

```
$ a="360"; $ b= $ a;//将 $ a 的值传给 $ b
```

变量传址只需要在函数调用时在参数的前面加上"&"符号即可。将函数外部的值的内存地址传递给函数内部的参数，则函数内部的所有操作都会改变函数外部参数的值。如果希望函数修改外部参数的值，则必须使用传址方式。

例 2-9： 变量传址。新建"例 2-9. php"文件，文件内容如下（实例位置：资源包\实验源码\project2\例 2-9. php）。

```php
1. <? php
2.    $ a=360;
3.    $ b=& $ a;        //将 $ a 的地址传给 $ b
4.    $ b= $ b+1;       // $ b+1
5.    echo   $ b;       //输出 $ b 的值,361
6.    echo   $ a;       //输出 $ a 的值,361
7. ? >
```

PHP中变量的使用

"例 2-9. php"文件第 3 行中的 $ b 指向 $ a 参数的地址，修改 $ b 的同时也会修改 $ a。运行后 $ a 和 $ b 的值均为 361。

3. 预定义变量

PHP 提供了很多非常实用的预定义变量，通过这些变量可以获取用户会话、传参、本地操作系统等信息。PHP 中常用的预定义变量如表 2-3 所示。

表 2-3　PHP 中常用的预定义变量

变量名	说明
$_GET	包含通过 GET()方法传递的参数相关信息，主要用于获取通过 GET()方法提交的数据
$_POST	包含通过 GPOST()方法传递的参数相关信息，主要用于获取通过 GET()方法提交的数据
$_COOKIE	通过 HTTPcookie 传递的脚本信息，COOKIE 为会话管理方式的一种
$_SESSION	包含会话相关的信息，主要用于会话控制
$_FILES	HTTP 请求中文件上传的相关变量
$_REQUEST	HTTP 中的 Request 变量，可接收 GET()方法传参，也可接收 POST()方法传参
$_SERVER	服务器和执行环境信息

2.2.6　PHP 数据类型

PHP 支持 8 种数据类型，包含 4 种标量数据类型，即 boolean（布尔型）、string（字符型）、integer（整型）和 float/double（浮点型）；2 种复合数据类型，即数组（array）和对象(object)；2 种特殊数据类型，即 resource（资源）和 null（空值）。

在 PHP 中可以使用 gettype()函数获取数据类型。

1. 标量数据类型

标量数据类型是数据结构中最基本的单元，只能存储 1 个数据。PHP 中的标量数据类型包括 boolean（布尔型）、string（字符型）、integer（整型）和 float/double（浮点型）4 种。

1）布尔型（boolean）

布尔型变量通常保存一个 true 值或 false 值。其中 true 和 false 是 PHP 的内部关键字。布尔型变量通常应用在条件判断语句或循环控制语句的表达式中。布尔型变量可直接赋值为 true 或 false。

PHP的数据类型

例 2-10： 布尔型数据的使用。新建"例 2-10. php"文件，文件内容如下（实例位置：资源包\实验源码\project2\例 2-10. php）。

```php
1. <? php
2.    $ a=true;
3.    echo  gettype( $ a);    //获取变量 a 的数据类型
4. ? >
```

例 2-10 的代码运行结果为"boolean"。

2）字符串型（string）

字符串是连续的字符序列，由数字、字母和符号组成。字符串中的每个字符只占用一个字节。在 PHP 中，使用单引号（'）和双引号（"）定义字符串。

例 2-11： 字符串型数据的使用。新建"例 2-11. php"文件，文件内容如下（实例位置：资源包\实验源码\project2\例 2-11. php）。

```php
1. <? php
2.    $ a=' Welcom:';
3.    $ b="Tom";
4.    echo  gettype( $ a);    //获取变量 a 的数据类型
5.    echo  gettype( $ b);       //获取变量 b 的数据类型
6. ? >
```

"例 2-11. php"文件中使用单引号和双引号对字符串进行了定义，运行结果为"stringstring"。

PHP 使用 echo 打印变量时，单引号（'）和双引号（"）的作用是不同的，双引号所包含的变量会被识别，自动替换为实际数值，而单引号所包含的变量会按照普通字符输出。

例 2-12： 引号的使用。新建"例 2-12. php"文件，文件内容如下（实例位置：资源包\实验源码\project2\例 2-12. php）。

```php
1. <? php
2.    $ a=' Welcom';
3.    echo   $ a.' <br>';
4.    echo   '$ a'.' <br>';
5.    echo   " $ a";
6. ? >
```

"例 2-12. php"文件中使用执行单引号（'）和双引号（"）打印出 $ a 信息，"."为字符串连接符，"'
'"代表换行，代码运行结果如图 2-2 所示。

图 2-2　引号的使用

单引号(')和双引号(")的另一个区别是对转义字符的使用。使用单引号时，要想输出单引号(')和反斜杠(\)，需要对单引号(')和反斜杠(\)进行转义；使用双引号(")时，要想输出双引号(")和美元符号($)，需要对双引号(")和美元符号($)进行转义。这些特殊字符都要通过"\"显示。PHP 中常用的转义字符如表 2-4 所示。

表 2-4　PHP 中常用的转义字符

转义字符	含义
\"	双引号
\'	单引号
\\	反斜杠
\n	换行符
\r	回车符
\t	制表符
\ $	美元符号

例 2-13：转义字符的使用。新建"例 2-13.php"文件，文件内容如下(实例位置：资源包\实验源码\project2\例 2-13.php)。

```php
1. <? php
2.    $ str1 = ' \\';          //输出    \
3.    $ str2 = '\'';           //输出    '
4.    $ str3 = "\"";           //输出    "
5.    $ str4 = "\ $ ";          //输出    $
6.    echo $ str1. "</br>". $ str2. "</br>". $ str3. "</br>". $ str4;
7. ? >
```

3）整型（integer）

整型数据只能包含整数，有效范围是-2 147 483 648~+2 147 483 647。整型数据可以用十进制、八进制和十六进制表示。如果用八进制表示，则数据前面必须加"0"。如果用十六进制表示，则需要加"0x"。

注意：如果给定的数值超出了整型所能表示的最大范围，则会被当作浮点型处理，这种情况称为整数溢出。同样，如果表达式的最后运算结果超出了整型的范围，也会返回浮点型。

例 2-14：整型数据的使用。新建"例 2-14. php"文件，文件内容如下（实例位置：资源包\实验源码\project2\例 2-14. php）。

```
1. <? php
2.   $ a = 11;        //十进制整数赋值
3.   $ b = 011;       //八进制整数赋值
4.   $ c = 0x11;      //十六进制整数赋值
5.   echo   gettype( $ a). ' <br>';
6.   echo   gettype( $ b). ' <br>';
7.   echo   gettype( $ c). ' <br>';
8.   echo   gettype( $ b/ $ a);
9. ? >
```

"例 2-14. php"文件中，对变量 a、b、c 分别赋予十进制整数、八进制整数、十六进制整数，$ b/ $ a 的实质为（11/9），运行后会导致整数溢出，代码运行结果如图 2-3 所示。

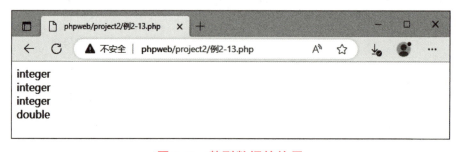

图 2-3　整型数据的使用

4）浮点型（float）

浮点型数据可以用来存储小数，它提供的精度远高于整型，在早期的 PHP 版本中，浮点型的标识为 double，也叫作双精度浮点型，两者没有区别。

例 2-15：浮点型数据的使用。新建"例 2-15. php"文件，文件内容如下（实例位置：资源包\实验源码\project2\例 2-15. php）。

```
1. <? php
2.   $ a = 3. 1415926;
3.   echo   gettype( $ a);        //double
4. ? >
```

"例 2-15. php"文件的运行结果为"double"。

2. 复合数据类型

复合数据类型包括两种：数组和对象。

1）数组（array）

数组是一组数据的集合，数组可以存入多个不同类型的数据，是一个复合数据类型。数组中可以包含很多数据，如标量数据、数组、对象、资源以及 PHP 中支持的其他语法结构等。

数组中的每个数据都称为一个元素，元素是由"键名"和"键值"组成的。键名也称为下标，可以是数字类型，也可以是字符串类型。

根据数组键名数据类型的不同，数组可分为两种：以数字作为键名的称为数字索引数组；以字符串或字符串、数字混合为键名的数组称为关联数组。

定义数组的语法格式如下。

```
(1) $ array＝array(' value1' ,' value2' ,…);      //定义数字索引数组
(2) $ array＝array(key1   =>   ' value1' ,key2   =>   ' value2' ,…)      //定义关联数组
```

定义数组后，数组中的元素个数还可以修改。只要给数组赋值，数组就会自动增加长度。使用 print_r()或 var_dump()函数可查看数组中的所有内容。有关数组的其他知识在项目 4 中会详细介绍。

2）对象

在 PHP 编程中，用户可以自由使用面向过程和面向对象两种开发方式。

3. 特殊数据类型

特殊数据类型包括资源和空值两种。

1）资源（resource）

资源是一种特殊变量，又叫作句柄，它保存了到外部资源的一个引用。资源是通过专门的函数建立和使用的。

2）空值（null）

空值，顾名思义就是没有为变量赋任何值。空值不区分大小写，null 和 NULL 的效果是一样的。

变量为空值的情况有三种：①未被赋任何值；②被赋空值；③被 unset()函数处理过（unset()函数的功能是清除指定变量）。

例 2-16：空值的使用。新建"例 2-16. php"文件，文件内容如下（实例位置：资源包\实验源码\project2\例 2-16. php）。

```php
1. <? php
2.    $ a = NULL;              //变量 a 被赋予 null
3.    $ b = 123;
4.    unset( $ b);            //变量被 unset()函数处理
5.    echo   gettype( $ a);
6.    echo   gettype( $ b);
7.    echo   gettype( $ c);   //变量未被声明和赋值
8. ? >
```

"例 2-16. php"文件中第 2 行的变量 a 被赋予 null，第 4 行的变量 b 被 unset()函数处理，

变量 c 未被声明和赋值。运行结果为"NULLNULLNULL"。

2.2.7　数据类型转换

PHP 为弱类型语言，需要进行类型转换时，在变量前加上用括号括起来的数据类型名称即可。数据类型强制转换如表 2-5 所示。

表 2-5　数据类型强制转换

转换操作符	转换类型	转换实例
(boolean)	转换为布尔型	(boolean) \$ num、(boolean) \$ str
(string)	转换为字符串型	(string) \$ bool、(string) \$ flo
(integer)	转换为整型	(integer) \$ bool、(integer) \$ str
(float)	转换为浮点型	(float) \$ str
(array)	转换为数组	(array) \$ str
(object)	转换为对象	(object) \$ str

在进行数据类型转换的过程中应该注意以下问题。

（1）转换为布尔型时，null、0 以及未赋值的变量和数组会被转换为 false，其他的被转换为 true。

（2）转换为整型时，布尔型的 false 转换为 0，true 转换为 1，浮点型的小数部分被舍去，字符型数据如果以数字开头就截取到非数字位，否则输出 0。

2.3　项目实施

2.3.1　PHP 语法规则练习

PHP语法
规则的练习

尝试开发一个页面，使用输出函数输出字符串"Hello World!"，完成 PHP 编程学习中的第一段代码。

Step01　双击桌面上的 phpStudy 快捷方式，在"首页"页面的 Apache2.4.39 右侧单击"启动"按钮，启动 Apache 服务。

Step02　在网站目录"D:\phpstudy_pro\WWW\PHPWeb\project2\"下新建"例 2-17.php"文件。

Step03　在 Sublime Text 编辑器中打开"例 2-17.php"文件进行编辑，第 2 行使用 echo

输出"Hello World!"。

```php
1. <? php
2.   echo  "Hello   World!";
3. ? >
```

Step04　保存"例 2-17. php"文件。

Step05　在 phpStudy 的"网站"页面中，单击网站域名"PHPWEB"右侧的"管理"按钮，选择"打开网站"命令，通过浏览器访问"例 2-17. php"文件，运行结果如图 2-4 所示。

图 2-4　浏览器运行结果

🖥 2.3.2　PHP 数据类型练习

通过"知识准备"的学习，完成下述任务。

（1）获取当前文件的绝对路径。

（2）定义变量 a，赋值为"hello"，将变量 a 转换为布尔型、整型、浮点型、数组型并输出转换后的值。

PHP数据
类型的练习

（3）定义变量 b，赋值为 18，将变量 b 转换为字符型、布尔型、浮点型、数组型并输出转换后的值。

Step01　在网站目录"D:\ phpstudy_pro \ WWW \ PHPWeb \ project2 \"下新建"例 2-18. php"文件。

Step02　使用 Sublime Text 编辑器编辑文件"例 2-18. php"，文件代码如下。

```php
1. <? php
2.   echo   当前文件路径为:'. __FILE__.' <br>';
3.    $ a = 'hello';
4.   echo   (boolean) $ a. ' <br>';
5.   echo   (integer) $ a. ' <br>';
6.   echo   (float) $ a. ' <br>';
7.   print_r((array) $ a);
8.   echo   ' <br>';
9.    $ a = 18;
10.  echo   (string) $ a. ' <br>';
11.  echo   (boolean) $ a. ' <br>';
```

```
12.    echo    (float) $ a. ' <br>';
13.    print_r((array) $ a);
14. ? >
```

第 2 行使用 echo()函数预定义变量_FILE_即可获取当前文件的绝对路径('
' 为换行符)。

第 3 行定义了变量 a。

第 4 行使用"(boolean) $ a"将变量 a 转换为布尔型数据并使用 echo()函数打印输出转换后的值。

第 5 行使用"(integer) $ a"将变量 a 转换为整型数据并使用 echo()函数打印输出转换后的值。

第 6 行使用"(float) $ a"将变量 a 转换为浮点型数据并使用 echo()函数打印输出转换后的值。

第 7 行使用"(array) $ a"将变量 a 转换为数组型数据并使用 print_r()函数打印输出转换后的值(数组型变量不能使用 echo 打印输出)。

第 8 行使用"echo '
' "输出换行(避免后续内容堆叠在一行输出)。

第 9 行定义变量 $ b。

第 10~13 行将变量 b 进行数据类型转换并输出转换后的值。

Step03 保存文件。通过浏览器访问"例 2-18. php"文件，运行结果如图 2-5 所示。

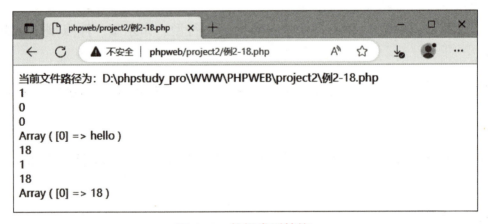

图 2-5　数据类型转换

2.4　项目拓展

通过"项目实施"，读者学习了 PHP 编程基础知识，请结合本项目知识点及项目 3 中的

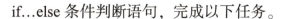

if...else 条件判断语句，完成以下任务。

（1）定义常量 a，赋值为 6。

（2）定义变量 b，赋值为"String"。

（3）定义变量 c，赋值为 0。

（4）将变量 b 转换为布尔型数据，判断其值，若为 true，则执行 a+并输出结果，否则执行 a−并输出结果。

（5）将变量 c 转换为布尔型数据，判断其值，若为 true，则执行 a+并输出结果，否则执行 a−并输出结果。

Step01   在网站目录"D: \ phpstudy _pro \ WWW \ PHPWeb \ project2 \"下新建"例 2-19. php"文件。

PHP语法
拓展练习

Step02   使用 Sublime Text 编辑器编辑"例 2-19. php"文件，代码如下。

```php
1. <? php
2.    define(' a' ,6);
3.    $ b=' String' ;
4.    $ c=0;
5.    if((boolean) $ b){
6.       echo    a+(boolean) $ b. ' <br>';
7.    }else{
8.       echo    a-(boolean) $ b. ' <br>';
9.    }
10.    if((boolean) $ c){
11.       echo    a+(boolean) $ c. ' <br>';
12.    }else{
13.       echo    a-(boolean) $ c. ' <br>';
14.    }
15. ? >
```

第 2~4 行分别定义常量 a，变量 b、c。

第 5~9 行使用 if...else 条件判断语句，判断(boolean) $ b 是否为 true，若为 true 则执行 a+(boolean) $ b 并输出，若为 false 则执行 a-(boolean) $ b 并输出。

第 10~14 行对(boolean) $ c 进行判断并输出(true 在进行算术运算时为 1，false 在进行算术运算时为 0)。

Step03   保存文件。通过浏览器访问"例 2-19. php"文件，运行结果如图 2-6 所示。

图 2-6　算术运算结果

2.5　项目小结

通过本项目的学习，读者能概述 PHP 的标记风格和注释的应用，会使用 PHP 输出函数，会定义常量和变量，熟悉常量和变量的命名规则，能区分 PHP 的数据类型。通过"项目实施"和"项目拓展"的学习，再现项目实例，灵活运用数据类型转换等技能。本项目知识小结如图 2-7 所示。

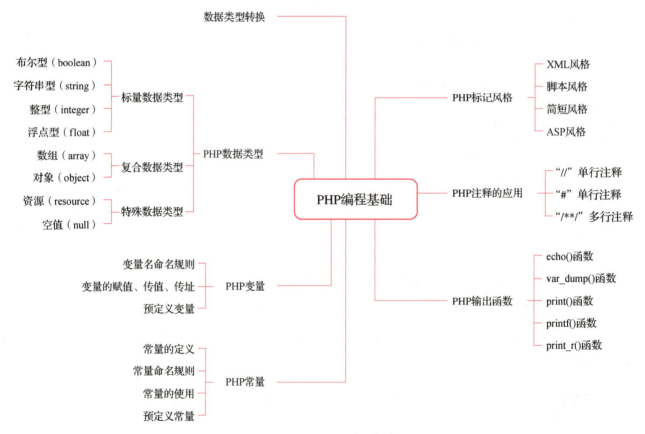

图 2-7　项目 2 知识小结

2.6　知识巩固

一、单选题

1. PHP 中"."的作用是(　　　)。

A. 赋值　　　　　　　　B. 换行　　　　　　　　C. 匹配符　　　　　　　D. 连接字符串

2. 数字索引数组的键是(　　　)，关联数组的键是(　　　)。

A. 字符串、布尔值　　　B. 整数、字符串　　　　C. 正数、负数　　　　　D. 浮点数、字符串

3. 以下哪一个是正确的 PHP 变量定义？(　　　)

A. $ Hello　　　　　　　B. $ hello　　　　　　　C. _hello　　　　　　　D. $ 66hello

4. 错误的 PHP 变量名是(　　　)。

A. $ user_name　　　　　B. $ 4s　　　　　　　　C. $ _bool　　　　　　　D. $ SCHOOL

5. 在 PHP 中，可以用于在页面中输出内容的函数是(　　　)。

A. dump()　　　　　　　B. cho()　　　　　　　　C. echo()　　　　　　　D. print_f()

6. 以下哪一种写法不是 PHP 代码块的起始/结束符？(　　　)。

A. <? php ? >　　　　　B. <? = ? >　　　　　　C. /* * /　　　　　　　D. <% %>

7. 要检查一个常量是否定义，可以使用函数(　　　)。

A. defined ()　　　　　B. isdefin ()　　　　　C. isdefined ()　　　　　D. 无

8. 如何使用 PHP 输出"hello world"？(　　　)

A. "Hello World"　　　　　　　　　　　　　B. echo"Hello World"

C. Document. Write("Hello World")　　　　　D. dump("Hello World")

9. 在 PHP 中，所有变量均以(　　　)符号开头。

A. !　　　　　　　　　　B. &　　　　　　　　　　C. $　　　　　　　　　　D. %

10. 分析以下代码，其运行结果为(　　　)。

```
<? php
  $ a=10；
  $ b=&Sa；
  $ b=20；
  echo $ a. '--'. $ b；
? >
```

A. 10--20　　　　　　　B. 10--10　　　　　　　C. 20--10　　　　　　　D. 20--20

二、多选题

1. PHP 中常量的声明使用(　　　)。

A. static 关键词　　　　　　B. var 关键词　　　　　C. const 关键词　　　　D. define()函数

2. 关于 PHP 布尔运算中自动类型转换的说法正确的是(　　　)。

A. 0 自动转换为 false　　　　　　　　　　B. null 自动转换为 false

C. −1 自动转换为 false　　　　　　　　　　D. 1 自动转换为 true

3. 关于 PHP 数据类型转换的说法正确的是(　　　)。

A. strval():可以转换为字符串类型　　　　B. floatval():可以转换为字符串型

C. (bool)(boolean):可以转换为布尔型　　　D. intval():可以转换为整型

4. 下列属于 PHP 注释的是(　　　)。

A. <! —注释一 -->　　　B. //注释一　　　　　C. #注释一　　　　　D. /* 注释一* /

5. 在 PHP 中，合法的变量名是(　　　)。

A. $ t07　　　　　　　　B. $ test　　　　　　　C. $_var　　　　　D. $ 07t

6. 下面属于 PHP 注释符的是(　　　)。

A. /* * /　　　　　　　　B. //　　　　　　　　　C. <! -- -->　　　　　D. ;

7. PHP 支持的复合数据类型是(　　　)。

A. 布尔型　　　　　　　　　　　　　　　　B. 数组

C. 资源　　　　　　　　　　　　　　　　　D. 对象

三、判断题

1. PHP 中的数组是一组相同类型的数据集合。　　　　　　　　　　　　　　　(　　　)

2. 只有 var_dump()方法能够输出数组结构。　　　　　　　　　　　　　　　(　　　)

3. PHP 变量名可以以数字、字母或下划线开头。　　　　　　　　　　　　　(　　　)

4. PHP 的 var_dump()方法能够输出一个或多个表达式的结构信息。　　　　(　　　)

5. PHP 可以使用 scanf()函数打印输出结果。　　　　　　　　　　　　　　(　　　)

6. PHP 中变量名 S_abc 是不合法的。　　　　　　　　　　　　　　　　　(　　　)

2.7　实战强化

　　PHP 数据类型转换方式有三种，第一种是在要转换的变量之前加上用括号括起来的目标类型；第二种是使用 3 个具体类型的转换函数——intval()、floatval()、strval()（即目标类型+val()）；第三种是使用通用类型转换函数 settype(mixed var, string type)。参照本项目的知识点，请补全以下代码中的横线部分，完成"例 2-20. php"文件，并验证运行结果。

```php
1. <? php
2.     //参考第一种转换方式
3.      $ num1 =3. 14;
4.      $ num2 = _____ $ num1;
5.     var_dump(_____);   //输出 float(3. 14)
6.     var_dump( $ num2);  //输出 int(3)
7.     //参考第二种转换方式
8.      $ str ="123. 9abc";
9.      $ int = _____ ( $ str);        //转换后数值:123
10.     $ float = _____ ( $ str);  //转换后数值:123. 9
11.     $ str = _____ ( $ float);   //转换后字符串:"123. 9"
12.    //参考第三种转换方式
13.     $ num4 =12. 8;
14.     $ flg = _____ ( $ num4,"int");
15.    var_dump( $ flg);  //输出 bool(true)
16.    var_dump(_____);   //输出 int(12)
17. ? >
```

项目3

PHP 运算符及流程控制语句

3.1　项目描述

通过项目 2 的学习，读者已经对 PHP 编程的语法规则及基础知识有了相应的了解，本项目主要介绍 PHP 运算符及流程控制语句。

本项目学习要点如下。

(1)PHP 运算符及应用。

(2)PHP 条件控制语句。

(3)PHP 循环控制语句。

(4)PHP 跳转语句。

3.2 知识准备

3.2.1 PHP 运算符

运算符是用来对变量或数据进行计算的符号，它对一个值或一组值执行一个特定的操作。PHP 运算符包括算术运算符、字符串运算符、赋值运算符、位运算符、比较运算符、逻辑运算符、三元运算符。

1. 算术运算符

算术运算符是用来处理四则运算的符号。PHP 算术运算符如表 3-1 所示。

表 3-1 PHP 算术运算符

运算符	说明	示例	结果
+	加法	$a+$b	$a 与 $b 的和
-	减法	$a-$b	$a 与 $b 的差
*	乘法	$a*$b	$a 与 $b 的乘积
/	除法	$a/$b	$a 除以 $b 的商
%	取模	$a%$b	$a 除以 $b 的余数
++	递增	$a++	$a+1
--	递减	$a--	$a-1

递增或递减运算符有两种使用方法，一种是将运算符放在变量前面，即先将变量加 1 或减 1，然后将值赋给原变量，叫作前置递增或递减运算符(++$a/--$a)；另一种是将运算符放在变量后面，即先返回变量的当前值，然后变量的当前值加 1 或减 1，叫作后置递增或递减运算符($a++/$a--)。

例 3-1：算术运算符的应用。新建"例 3-1. php"文件，文件内容如下(实例位置：资源包\实验源码\project3\例 3-1. php)。

算数运算符的使用

```
1. <? php
2.    $ a=26;
3.    $ b=5;
4.    echo  '$ a+ $ b 的结果为:'. ( $ a+ $ b). ' <br>';
5.    echo  '$ a- $ b 的结果为:'. ( $ a- $ b). ' <br>';
6.    echo  '$ a* $ b 的结果为:'. ( $ a* $ b). ' <br>';
7.    echo  '$ a/ $ a 的结果为:'. ( $ a/ $ b). ' <br>';
8.    echo  '$ a% $ a 的结果为:'. ( $ a% $ b). ' <br>';
9.    echo  '$ ++a 的结果为:'. ++ $ a. ' <br>';      //使用前+1
10.   echo  '$ b-- 的结果为:'. $ b--. ' <br>';        //使用后-1
11.   echo  '$ a 的值为:'. $ a. ' <br>';
12.   echo  '$ b 的值为:'. $ b. ' <br>';
13. ? >
```

"例 3-1. php"文件运行结果如图 3-1 所示。

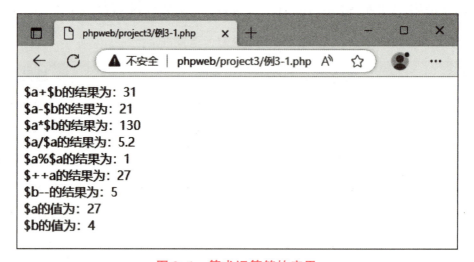

图 3-1　算术运算符的应用

2. 字符串运算符

在 PHP 中可以使用"."将多个字符串连接起来，也可使用". ="对字符串进行串接赋值。PHP 字符串运算符如表 3-2 所示。

表 3-2　PHP 字符串运算符

运算符	说明	示例	结果
.	串接	$ str1 ="Hello"; $ str2 = $ str1. " World!";	$ str2 ="Hello World!"
. =	串接赋值	$ str1 ="Hello"; $ str1. =" World!";	$ str1 ="Hello World!"

3. 赋值运算符

赋值运算将右侧表达式的值赋给左侧变量，PHP 赋值运算符包括基本运算符"="和 5 个复合赋值运算符，如表 3-3 所示。

表 3-3　PHP 赋值运算符

操作	符号	示例	展开形式
赋值	=	$a=2	$a=2
加	+=	$a+=2	$a=$a+2
减	-=	$a-=2	$a=$a-2
乘	*=	$a*3=2	$a=$a*2
除	/=	$a/=2	$a=$a/2
取余	%=	$a%=2	$a=$a%2

4. 位运算符

位运算可以将两个数的二进制从低位到高位对齐后，进行位与、位或、位异或操作，也可以进行位移操作。位运算符运算规则如表 3-4 所示。

表 3-4　位运算符运算规则

运算符	功能	规则
&	位与	两个位相同时，结果为 1，否则为 0
|	位或	两个位都是 0 时，结果为 0，否则为 1
~	位非	按位取反操作
^	位异或	两个位不同时，结果为 1，否则为 0
<<	位左移	运算符左边表达式的值左移右边指定的位数
>>	位右移	运算符左边表达式的值右移右边指定的位数

在 PHP 中可以使用 decbin() 函数将十进制数转换为二进制数。$a、$b 进行位运算的过程如表 3-5 所示。

表 3-5　位运算示例

表达式	二进制表示 (decbin( ))	十进制表示	运算说明
$a=1021;	1111111101	1021	赋值
$b=15;	1111	15	赋值
$c = $a&$b	1101	13	位与运算
$c = $a\|$b;	1111111111	1023	位或运算
$c = $a^$b;	1111110010	1010	位异或运算
$c = $a<<2;	111111110100	4084	位左移运算
$c = $a>>2;	11111111	255	位右移运算

5. 比较运算符

比较运算符可以对变量或表达式的结果进行大小、真假等比较，如果结果为真则返回 true，如果结果为假则返回 false。PHP 是一种弱类型语言，变量在使用过程中才会识别其类型，其类型随着内容会不断变化，相较于其他编程语言，PHP 在编程时引入了全等于"==="的思想。全等于不仅要求内容相等，数据类型也要相等。PHP 比较运算符如表 3-6 所示。

表 3-6 PHP 比较运算符

运算符	说明	示例	结果
==	等于	$ x == $ y	如果 $ x 等于 $ y,则返回 true
===	全等(完全相同)	$ x === $ y	如果 $ x 等于 $ y,且它们的类型相同,则返回 true
!=	不等于	$ x != $ y	如果 $ x 不等于 $ y,则返回 true
<>	不等于	$ x <> $ y	如果 $ x 不等于 $ y,则返回 true
!==	不全等(完全不同)	$ x !== $ y	如果 $ x 不等于 $ y,或它们的类型不相同,则返回 true
>	大于	$ x > $ y	如果 $ x 大于 $ y,则返回 true
<	小于	$ x < $ y	如果 $ x 小于 $ y,则返回 true
>=	大于或等于	$ x >= $ y	如果 $ x 大于或者等于 $ y,则返回 true
<=	小于或等于	$ x <= $ y	如果 $ x 小于或者等于 $ y,则返回 true

6. 逻辑运算符

逻辑运算符用来组合逻辑运算的结果，是程序设计中非常重要的运算符。逻辑运算的结果为布尔型，只有 true 和 false 两种。PHP 逻辑运算符有逻辑与运算符、逻辑或运算符、逻辑非运算符和逻辑异或运算符。PHP 逻辑运算符如表 3-7 所示。

表 3-7 PHP 逻辑运算符

运算符	说明	示例	结果
and	与	$ x and $ y	如果 $ x 和 $ y 都为 true, 则返回 true
or	或	$ x or $ y	如果 $ x 和 $ y 中至少有一个为 true,则返回 true
xor	异或	$ x xor $ y	如果 $ x 和 $ y 中有且仅有一个为 true,则返回 true
&&	与	$ x && $ y	如果 $ x 和 $ y 都为 true, 则返回 true
||	或	$ x || $ y	如果 $ x 和 $ y 中至少有一个为 true,则返回 true
!	非	! $ x	如果 $ x 不为 true, 则返回 true

7. 三元运算符

三元运算符也称为条件运算符。其运行机制为"(expr1)?(expr2):(expr3);"，其中 expr1、

expr2、expr3 均为表达式。当表达式 expr1 为真时，执行后面的 expr2；当表达式 expr1 为假时，执行后面的 expr3。

例 3-2： 三元运算符的应用。新建"例 3-2.php"文件，文件内容如下（实例位置：资源包\实验源码\project3\例 3-2.php）。

```php
1. <? php
2.     $ x=59;
3.     echo $ x>=60? '及格':'不及格';
4. ? >
```

在"例 3-2.php"文件中，第 3 行使用了三元运算符，若变量 x 大于等于 60 则输出"及格"，小于 60 则输出"不及格"，"例 3-2.php"文件运行结果为"不及格"。

8. 运算符的优先级

运算符的优先级是指在应用中哪个运算符先计算，哪个运算符后计算。在 PHP 中，优先级高的运算符先执行，优先级低的运算符后执行，同一优先级的运算符按照从左到右的顺序执行。表 3-8 从高到低列出了 PHP 运算符的优先级，同一行中的运算符具有相同的优先级，此时它们的结合方向决定了求值的顺序。

表 3-8　PHP 运算符的优先级

运算符	描述
clone new	clone 和 new
[	array()
++、--、(int) (float) (string) (array) (object) (bool) @	类型和递增/递减
instanceof	类型
!	逻辑运算符
*、/、%	算术运算符
+、-、.	算术运算符和字符串运算符
<<、>>	位运算符
==、!=、===、=、!==、<>	比较运算符
&	位运算符和引用
^	位运算符
|	位运算符
&&	逻辑运算符
||	逻辑运算符
?:	三元运算符

续表

运算符	描述
=、+=、-=、*=、/=、.=、%=、&=、| =、^=、<<=、>>=、=>	赋值运算符
and	逻辑运算符
xor	逻辑运算符
or	逻辑运算符
,	逗号运算符

PHP 运算过程中，除了使用优先级进行运算外，还可以通过小括号的方式决定运算的优先级，例如下述代码中使用的小括号改变了原有的默认优先级。

```php
1. <? php
2.   $ aand(( $ b! = $ c)or( $ c>=( $ a+1)));
3. ? >
```

3.2.2　PHP 条件控制语句

条件控制语句是编程中非常重要的语句，可以主动控制程序的执行过程。通过条件控制语句可以对变量进行判断，根据判断结果执行不同的代码块。PHP 条件控制语句有 if 语句、if…else 语句、elseif 语句和 switch 语句 4 种。

1. if 语句

if 语句用于条件分支判断，根据条件是否为真，执行或不执行某代码块。if 语句语法格式如下。

```php
1. if(表达式){
2.   代码块;
3. }
```

条件语句
的使用

例 3-3：if 语句的使用。新建"例 3-3. php"文件，文件内容如下（实例位置：资源包\实验源码\project3\例 3-3. php）。

```php
1. <? php
2.   $ grade=75;        //定义变量 grade 作为成绩并将 75 赋给 $ grade
3.   if( $ grade>=60)
4.   {
5.     echo  "您的成绩为及格";
6.   }
7. ? >
```

"例 3-3. php"中使用了 if 语句判断成绩是否大于或等于 60 分，满足条件时执行代码块。运行结果为"您的成绩为及格"。

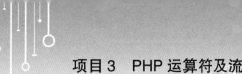

2. if...else 语句

if...else 语句是在编程中经常使用的一种条件判断语句，当条件成立时执行代码块 1，当条件不成立时执行代码块 2。if...else 语句的语法格式如下。

```
1. if(表达式){
2.   代码块 1;
3. }else{
4.   代码块 2;
5. }
```

例 3-4：if...else 语句的使用。新建"例 3-4. php"文件，文件内容如下(实例位置：资源包\实验源码\project3\例 3-4. php)。

```
1. <? php
2.   $ grade=55;
3.   if( $ grade>=60){
4.     echo   "您的成绩为及格";
5.   }else{
6.     echo   "您的成绩为不及格";
7.   }
8. ? >
```

"例 3-4. php"中第 3 行条件语句满足时执行代码块 1，不满足时执行代码块 2。运行结果为"您的成绩为不及格"。

3. elseif 语句

在使用条件控制语句时，有时需要进行多个分支条件的判断，即需要使用 elseif 语句进行多重判断。

例 3-5：elseif 语句的使用。如果变量 grade 的值大于或等于 80，则输出"您的成绩为优秀"；如果变量 grade 的值为 60~80，则输出"您的成绩为及格"；如果变量 grade 的值小于 60，则输出"您的成绩不及格"。新建"例 3-5. php"文件，文件内容如下(实例位置：资源包\实验源码\project3\例 3-5. php)。

```
1. <? php
2.   $ grade=75;        //定义变量 grade 作为成绩并将 75 赋给 $ grade
3.   if( $ grade>=80)
4.   {
5.     echo   "您的成绩为优秀";
6.   }elseif( $ grade>=60&& $ grade<80){
7.   echo   "您的成绩为及格";
8.   }else{
9.     echo   "您的成绩不及格";
10.   }
11. ? >
```

例 3-5 的代码运行结果为"您的成绩为及格"。

4. switch 语句

虽然 elseif 语句可以进行多重选择，但使用时非常烦琐，为了避免 if 语句过于冗长，提高程序的可读性，可以使用 switch 语句。switch 语句的语法格式如下。

```
1. switch(变量或表达式){
2.    case   常量表达式 1:
3.       代码块 1;
4.       break;
5.    case   常量表达式 2:
6.       代码块 2;
7.       break;
8. …
9. default:
10.      代码块 n;
11. }
```

switch 语句根据变量或表达式的值，依次与 case 中常量表达式的值比较，如果不相等，继续查找下一个 case；如果相等，就执行对应的代码块，直到 switch 语句结束或遇到 break 为止。一般来说，switch 语句最终都有一个默认值 default，如果在前面的 case 中没有找到相符的条件，则输出默认语句，与 else 语句类似。

例 3-6：switch 语句的使用。新建"例 3-6. php"文件，文件内容如下（实例位置：资源包\实验源码\project3\例 3-6. php）。

```
1. <? php
2.    $ x = 'XX';
3.    switch( $ x){
4.      case   '男':
5.         echo   '是男生';
6.         break;
7.      case   '女':
8.         echo   '是女生';
9.         break;
10.     default:
11.        echo   '数据异常';
12.    }
13. ? >
```

"例 3-6. php"通过对变量 x 的判断，执行不同的代码快，由于变量 x 的值与 case 均不相等，所以执行 default 语句。运行结果为"数据异常"。

3.2.3 PHP 循环控制语句

在 PHP 开发过程中，因为某些功能需要重复执行某段代码或函数，所以需要多次编写代码并进行判断，这样非常烦琐。可以使用循环控制即重复执行代码块来解决这个问题。PHP 循环控制语句主要有三种，分别是 while 语句、do…while 语句和 for 语句。

1. while 语句

while 语句是 PHP 中最简单的循环语句，其语法格式如下。

```
1. While(表达式){
2.     代码块;
3. }
```

当表达式的值为真时，执行代码块，执行结束后返回表达式，继续进行判断，直到表达式的值为假时跳出循环。

例 3-7： while 语句的使用。新建"例 3-7.php"文件，文件内容如下(实例位置：资源包\实验源码\project3\例 3-7.php)。

循环语句
的使用

```
1. <? php
2.     $ x=5;
3.     while( $ x>0)
4.     {
5.         $ x--;
6.         echo  'Hello  World! '.'<br>';
7.     }
8. ? >
```

"例 3-7.php"中第 3 行判断变量 x 是否大于 0，满足条件时会执行变量 x 自减 1，并输出"Hello World!"，然后继续进行判断，直到 x 的值为 0，不满足条件时跳出循环。代码运行后会输出 5 次"Hello World!"，其运行结果如图 3-2 所示。

图 3-2　while 语句的使用

2. do…while 语句

如果待循环的代码块至少需要执行一次，则可以使用 do…while 语句。do…while 语句首先执行一次代码块，然后检查条件，如果指定条件为真，则重复循环。需要注意的是在使用 do…while 语句时一定要加";"。

do…while 语句的语法格式如下。

```
1. do{
2.    代码块;
3. }While(表达式);
```

例 3-8：do…while 语句的使用。新建"例 3-8. php"文件，文件内容如下（实例位置：资源包\实验源码\project3\例 3-8. php）。

```
1. <? php
2.    $ x=5;
3.    do{
4.       echo  'do…while 循环';
5.    }while( $ x>10);
6. ? >
```

在"例 3-8. php"中，无论条件是否成立都会执行代码块。运行结果为"do…while 循环"。

3. for 语句

for 语句主要用于指定循环执行代码块的次数，或者当指定的条件为真时循环执行代码块。for 语句的语法格式如下。

```
1. for(初始化表达式;条件表达式;迭代表达式){
2.    代码块;
3. }
```

其中初始化表达式主要用于初始化一个变量，以设置一个计数器（可以是任何在循环的开始被执行一次的代码）。条件表达式主要是循环执行的限制条件，如果为 true，则循环继续；如果为 false，则循环结束。迭代表达式主要用于递增或递减计数器（可以是任何在循环的结束被执行的代码）。

例 3-9：for 语句的使用。新建"例 3-9. php"文件，文件内容如下（实例位置：资源包\实验源码\project3\例 3-9. php）。

```
1. <? php
2.    for( $ x  =  0; $ x  <  4; $ x++){
3.       echo  'for 循环学习'.' <br>';
4.    }
5. ? >
```

例 3-9 的代码运行结果如图 3-3 所示。

图 3-3　for 语句的使用

3.2.4　跳转语句

在 PHP 程序开发中，可以用 break 语句和 continue 语句进行跳转。

1. break 语句

break 关键字可以终止当前的循环或流程控制，包括 while 语句、do…while 语句、for 语句、foreach 语句和 switch 语句在内的所有控制语句。

"break n" 用于跳出循环，n 表示跳出几层循环。

2. continue 语句

continue 关键字的功能没有 break 关键字强大，它只能终止本次循环，进入下一次循环，也可以指定跳出几重循环。

3.3　项目实施

3.3.1　判断成绩级别

在例 3-5 的基础上实现对成绩进行判断的功能，随机产生一个 1~100 的整数作为成绩，成绩为 90~100 分时为优秀，为 80~89 分时为良好，为 70~79 分时为一般，为 60~69 分时为及格，在 60 分以下为不及格。

判断成绩级别

Step01　在网站目录 "D:\phpstudy_pro\WWW\PHPWeb\project3\" 下新建名为 "例 3-10.php" 的文件。

Step02　使用 Sublime Text 编辑器编辑文件 "例 3-10.php"。使用 mt_rand() 函数生成随机整数作为成绩，其格式为 mt_rand(int $min, int $max)，其中 $min 为随机生成的最小整数，$max 为随机生成的最大整数。代码如下。

```
1. <? php
2.    $ grade＝mt_rand(1,100);
3.    echo   '你的成绩为:'. $ grade. ' <br>';
4. ? >
```

Step03　保存文件，使用浏览器访问"例 3-10. php"文件可以看到自动生成了一个 1~100 的整数作为成绩，且每次刷新页面时成绩会随机变化，如图 3-4 所示。

图 3-4　随机生成成绩

Step04　继续编辑"例 3-10. php"文件，代码如下。

```
1. <? php
2.    $ grade＝mt_rand(1,100);
3.    echo   '你的成绩为:'. $ grade. ' <br>';
4.    if( $ grade>90){
5.       echo   '您的成绩为优秀';
6.    }elseif( $ grade>80){
7.       echo    '您的成绩为良好';
8.    }elseif( $ grade>70){
9.       echo    '您的成绩为一般';
10.   }elseif( $ grade>60){
11.      echo    '您的成绩为及格';
12.   }else{
13.      echo   '您的成绩为不及格';
14.   }
15. ? >
```

第 4 行用 if 语句判断成绩大于 90 分为优秀。

第 6~11 行用 elseif 语句判断成绩大于 80 分为良好，大于 70 分为一般，大于 60 分为及格。

第 12 行用 else 语句对其他成绩(不及格)做判断。

Step05　保存文件，使用浏览器访问"例 3-10. php"文件，自动生成 1~100 的随机整数，并对随机整数进行判断，进行成绩级别的显示，如图 3-5 所示。

图 3-5　成绩判断运行结果

3.3.2　求整数累加和

要完成整数累加和的计算有多种方法，这里使用 while 语句和 for 语句两种方法完成 100 以内整数累加和的计算。

1. 使用 while 语句

Step01　在网站目录"D:\phpstudy_pro\WWW\PHPWeb\project3\"下新建名为"例 3-11.php"的文件。

Step02　使用 Sublime Text 编辑器编辑"例 3-11.php"文件，代码如下。

```php
1. <? php
2. $ i=1;
3. $ num=0;
4. while( $ i<=100){
5. $ num+= $ i;
6. $ i++;
7. }
8. echo    $ num;
9. ? >
```

第 2 行定义变量 i 用作循环条件，且作为递增数使用。

第 3 行定义变量 num 作为最后的累计和。

第 4 行判断 while 循环中的条件是否为真(变量 i 是否小于或等于 100)，若满足条件则执行第 5~6 行的代码块。

第 5 行的变量 num 在第一次循环时的值为 0+1，在第二次循环时的值为 0+1+2，依次类推，当变量 i 为 100 时，变量 num 的值为 0+1+2+…+100。变量 i 为 101 时，while 条件为假，退出循环，执行第 8 行代码，求 1~100 的整数累加和。

Step03　保存文件，使用浏览器访问"例 3-11.php"文件，运行结果为"5050"。

2. 使用 for 语句

Step01　在网站目录"D:\phpstudy_pro\WWW\PHPWeb\project3\"下新建名为"例 3-12.php"的文件。

Step02 使用 Sublime Text 编辑器编辑"例 3-12. php"文件，代码如下。

```php
1. <? php
2.    $ num=0;
3.    for( $ i=1; $ i<=100; $ i++){
4.        $ num   += $ i;
5.    }
6.    echo   $ num;
7. ? >
```

第 2 行定义变量 num 作为整数累加和。

第 3 行使用 for 语句，$ i=1 作为初始表达式，$ i<=100 作为条件表达式，$ i++(自增)作为迭代表达式。

第 4 行代码块中使用 $ num= $ num+ $ i 的方式求 1~100 的整数累加和。

Step03 保存文件，使用浏览器访问"例 3-12. php"文件，运行结果为"5050"。

3.4 项目拓展

通过"项目实施"的学习，读者已经基本掌握 PHP 运算符及流程控制语句，请结合本项目知识点，打印输出九九乘法表。

具体操作步骤如下。

Step01 需求分析。

九九乘法表中需要两个数进行循环阶乘，且从第二列开始第二个乘数要大于等于第一个乘数。这里使用 for 语句完成九九乘法表的输出。

打印九九
乘法表

Step02 在网站目录"D:\phpstudy_pro\WWW\PHPWeb\project3\"下新建名为"例 3-13. php"的文件。

Step03 使用 Sublime Text 编辑器编辑文件"例 3-13. php"，代码如下。

```php
1. <? php
2.    for( $ i=1; $ i<10; $ i++){
3.        for( $ j=1; $ j<= $ i; $ j++){
4.            echo   $ j."× $ i=". $ i* $ j.'   ';
5.        }
6.        echo   ' <br>';
7.    }
8. ? >
```

第 2~3 行使用两层循环，其中 $i 作为第二个乘数，$j 作为第一个乘数。$i 循环取值 1~9 作为行数，$j 的取值 $j<= $i 作为列数。

第 4 行使用 echo() 函数作为九九乘法表的输出语句，其中"x $i="的变量 i 会被识别并替换为 $i 的值。

第 6 行使用
换行，用于分层显示九九乘法表的内容。

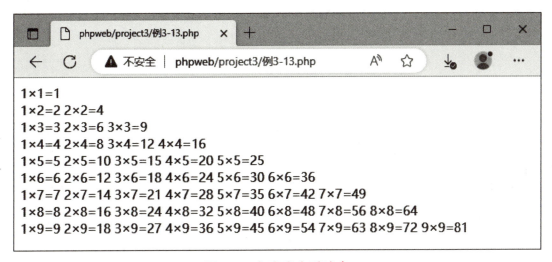

Step04　保存文件，使用浏览器访问"例 3-13. php"文件，运行结果如图 3-6 所示。

图 3-6　打印九九乘法表

3.5　项目小结

通过本项目的学习，读者能概述 PHP 的算术运算符、字符串运算符、赋值运算符、位运算符、比较运算符、逻辑运算符、三元运算符及它们的优先级；会使用 PHP 条件控制语句、循环控制语句和跳转语句；能重复"项目实施"中的成绩级别判断和整数累加求和实例。通过"项目拓展"的学习，读者能准确地再现九九乘法表实例，并能举一反三地完成类似练习题。本项目知识小结如图 3-7 所示。

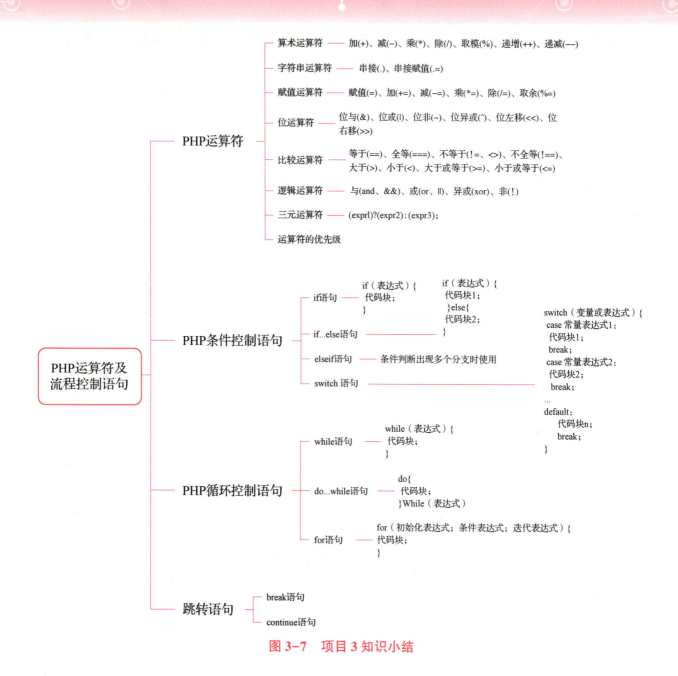

图 3-7　项目 3 知识小结

3.6　知识巩固

一、单选题

1. 下列选项中，属于比较运算符的是(　　　)。

A. =　　　　　　　　　　B. ?　　　　　　　　　　C. +　　　　　　　　　　D. ! ＝＝

2. 下列属于条件语句的是(　　　)。

A. foreach 语句　　　　　　B. for 语句　　　　　　C. while 语句　　　　　　D. if...else 语句

3. PHP 中以下哪一项不能把字符串 $ s1 和 $ s2 组成一个字符串?(　　　)

A. "{ $ s1}{ $ s2}"

B. implode("", array($ s1, $ s2))

C. $ s1 + $ s2

D. "{ $ s1}{ $ s2}"

4. 以下代码的运行结果是(　　　)。

```php
<? php
  if( $ i=""){
    echo "a";
  }else{
    echo "b";
  }
? >
```

A. 输出 a

B. 输出 b

C. 条件不足,无法确定

D. 运行出错

5. 运算符"%"的作用是(　　　)。

A. 无效

B. 取整

C. 取余

D. 除

6. 下列选项中,不属于赋值运算符的是(　　　)。

A. " = "

B. " += "

C. " . = "

D. " == "

7. 以下代码的输出结果是(　　　)。

```php
<? php
  $ age =16;
  $ sex =' male' ;
  var_dump(( $ age>=18)&&( $ sex = = =' male' ));
? >
```

A. bool(false)

B. bool(true)

C. int(1)

D. int(0)

8. 对于"for($ i=100; $ i<=200; $ i+=3)",循环结束后,变量 $ i 的值是(　　　)。

A. 201

B. 202

C. 199

D. 198

9. 下列选项中,运算符的执行顺序为从右向左的是(　　　)。

A. !

B. *

C. ||

D. or

10. 以下代码的输出结果是(　　　)。

```php
<? php
  $ a= $ sum = 1;
  do{
    echo  $ sum += $ a;
  }while( $ a < 1);
? >
```

A. 11

B. 2

C. 无输出　　　　　　　　　　　　D. 以上答案都不正确

二、多选题

1. 以下属于 PHP 逻辑运算符的有(　　)。

A. !=　　　　　　　B. &&　　　　　　C. !　　　　　　D. ||

2. 以下属于 PHP 循环控制语句的是(　　)。

A. switch 语句　　　B. for 语句　　　C. while 语句　　　D. foreach 语句

3. 以下属于 PHP 条件控制语句的是(　　)。

A. if 语句　　　　　B. if…else 语句　　C. while 语句　　　D. switch 语句

4. 下列 PHP 代码中，变量 $a 赋值结果是 1 的有(　　)。

A. $a=2−1;　　　　　　　　　　B. $a=eval("return 2−1;");

C. $a="2−1";　　　　　　　　　　D. $a=2;

5. 关于 PHP 运算符，说法正确的是(　　)。

A. && 表示逻辑与，|| 表示逻辑或　　　B. 字符串运算符是"."

C. <>表示不等于，和!=的作用一样　　　D. @符号能够忽略表达式的错误

6. 下列属于 PHP 循环关键字的是(　　)。

A. for　　　　　　　B. while　　　　　C. if　　　　　　D. loop

7. 在 PHP 中，以下哪些是不等于运算符(　　)。

A. ≠　　　　　　　　B. !=　　　　　　C. <>　　　　　　D. ><

8. 以下关于 PHP 循环控制语句的说法正确的是(　　)。

A. 相较于 while 语句，for 语句更适合循环次数固定的循环

B. 相较于 for 语句，while 语句更适合循环次数不固定的循环

C. 当 for 语句的条件总是 true，且循环体中没有 break 语句时，将出现死循环

D. 当 for 语句的条件总是 true，且循环体中没有 continue 语句时，将出现死循环

9. 下列关于 for 语句的说法正确的是(　　)。

A. for 语句的第 1 个参数用于初始化变量

B. for 语句的第 2 个参数用于条件判断

C. for 语句的第 3 个参数用于改变第 1 个参数的值

D. for 语句的各参数之间使用逗号分隔

三、判断题

1. for 语句和 foreach 语句都可以遍历数组。　　　　　　　　　　　　　　(　　)

2. 全等运算符"==="只有在两个操作数的数据类型和值都相同时才返回 true。(　　)

3. while 语句和 do…while 语句都是先判断条件再执行代码块。　　　　　　(　　)

4. switch 语句的条件判断为等值判断，且判断条件可以为字符型变量。　　　(　　)

5. do…while 循环结束的条件是关键字 while 后的条件表达式成立。　　　　（　　）

3.7　实战强化

通过学习本项目的知识，读者了解到 while 语句用于构成一个布尔型循环，布尔判断条件的值为真时，执行大括号中的代码块；如果布尔判断条件的值为假，则停止执行并跳出循环，执行后续代码。请灵活运用所学知识编写一个 0~99 的隔行变色表格的代码文件，效果如图 3-8 所示。

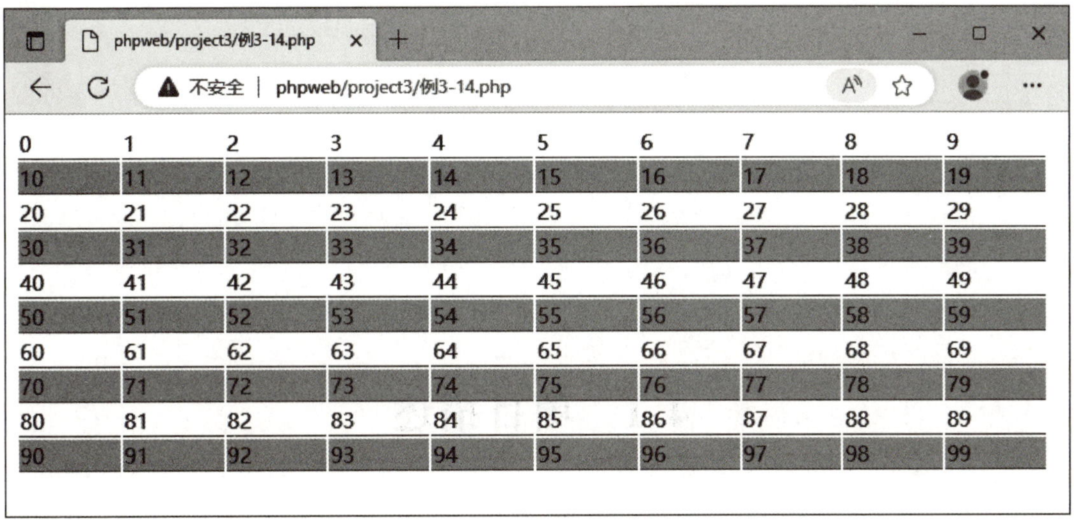

0	1	2	3	4	5	6	7	8	9
10	11	12	13	14	15	16	17	18	19
20	21	22	23	24	25	26	27	28	29
30	31	32	33	34	35	36	37	38	39
40	41	42	43	44	45	46	47	48	49
50	51	52	53	54	55	56	57	58	59
60	61	62	63	64	65	66	67	68	69
70	71	72	73	74	75	76	77	78	79
80	81	82	83	84	85	86	87	88	89
90	91	92	93	94	95	96	97	98	99

图 3-8　隔行变色表格效果

项目 4

PHP 数组及函数的使用

4.1　项目描述

通过项目 3 的学习，读者对 PHP 运算符及条件判断语句有了基本了解。本项目主要介绍 PHP 数组及函数的使用。本项目中的知识点在后续项目开发中使用频率非常高，掌握好本项目的内容是非常重要的。

本项目学习要点如下。

（1）PHP 数组分类及定义。

（2）一维数组。

（3）二维数组。

（4）PHP 函数。

4.2　知识准备

 ## 4.2.1　PHP 数组分类及定义

数组（array）就是一组数据的集合，它把一系列数据有序地组织起来，形成一个可操作的整体，其中每个变量都称为一个元素。数组间元素使用键区分，也称为下标。数组中的每个实体都包含键（key）和值（value），通过键和值可获得相应数组的元素。PHP 支持数字索引数组和关联数组。

1. 数字索引数组

数字索引数组的键是数字，默认从 0 开始，后续元素依次递增，表示各元素在数组中的位置。数字索引数组通常从第一个元素开始保存数据，也可以从指定的某个位置开始保存数据。数字索引数组的键默认从 0 开始，键 1 的元素实质上是数组的第二个元素，如表 4-1 所示。

表 4-1　数字索引数组示例

键	0	1	2	3	…
值	北京	上海	广州	深圳	…

2. 关联数组

只要数组的键名中有一个不是数字，这个数组就称为关联数组。关联数组使用字符串索引（或键）来访问存储在数组中的数据，如表 4-2 所示。关联数组对于数据库层交互非常有用。

表 4-2 关联数组示例

键	Name	Sex	Age	Grade	…
值	小明	男	16	86	…

3. 定义数组

PHP 中使用 array()函数定义数组，定义数组可分为简单形式与完整形式。简单形式通常用于定义数字索引数组，完整形式定义既可定义数字索引数组，也可定义关联数组。

简单形式的语法格式如下。

```
array(value1,value2,value3,…)
```

完整形式定义使用 key=>value，表示一对键和值，不同元素之间使用","隔开。键可以是字符串，也可以是数字。如果定义数组时定义了两个完全一样的键，则后一个键会覆盖前一个键。数组中，各元素的类型可以相同，也可以不同。完整形式定义的语法格式如下。

```
array(key1=>value1,key1=>value2,key3=>value3,…)
```

4.2.2 一维数组

1. 输出数组元素

在 PHP 中，可以通过 echo、print 等语句对数组中的某一元素进行输出，输出完整数组内容时可以使用 print_r()函数与 var_dump()函数。

输出/修改
一维数组

例 4-1：数字索引数组输出。新建"例 4-1.php"文件，文件内容如下（实例位置：资源包\实验源码\project4\例 4-1.php）。

```
1. <? php
2.    $ array=array(' XiaoAn',' XiaoJun',' XiaoMing' );
3.    echo    $ array[0]. ' <br>' ;
4.    print    $ array[2];
5.    echo    ' <br>' ;
6.    print_r( $ array);
7.    echo    ' <br>' ;
8.    var_dump( $ array);
9.? >
```

第 2 行定义了数字索引数组。

第 3 行使用 echo 打印数组下标为 0 的元素。

第 4 行打印数组下标为 2 的元素（实质为数组中第 3 个元素）。

第 6 行使用 print_r()函数打印数组内容，print_r()会将数组的内容以完整形式进行显示。

第 8 行使用 var_dump()函数打印数组内容，var_dump()函数除了显示数组内容外，还会对数据类型进行显示。

代码运行结果如图 4-1 所示。

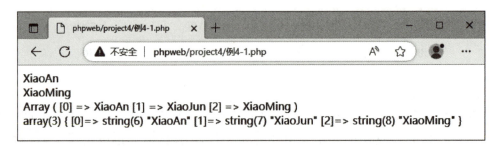

图 4-1　数字索引数组输出

例 4-2：关联数组输出。新建"例 4-2.php"文件，文件内容如下（实例位置：资源包\实验源码\project4\例 4-2.php）。

```
1. <? php
2.    $ array = array(' name' =>' 小安',' sex' =>' 男',' age' =>16,' grade' =>86);
3.    echo    $ array[' name' ]. ' <br>' ;
4.    print    $ array[' grade' ];
5.    echo    ' <br>' ;
6.    print_r( $ array);
7.    echo    ' <br>' ;
8.    var_dump( $ array);
9. ? >
```

注意：在打印关联数组的某一元素时，必须指定键名，不能使用数字作为键名。

第 2 行定义了关联数组。

第 3 行使用 echo 输出数组中键值为"name"的元素，并输出了一个换行符。

第 4 行输出数组中键值为"grade"的元素。

代码运行结果如图 4-2 所示。

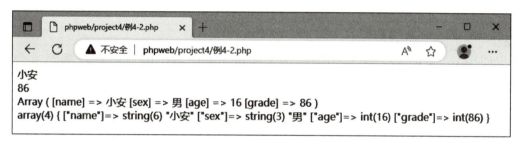

图 4-2　关联数组输出

2. 修改数组元素

数组在被定义后，可以通过对某一元素再次赋值完成对数组的修改。

例 4-3：修改数组元素。新建"例 4-3. php"文件，文件内容如下（实例位置：资源包\实验源码\project4\例 4-3. php）。

```
1. <? php
2.    $ array = array(' name' =>' 小安',' sex' =>' 男',' age' =>16,' grade' =>86);
3.    $ array[' grade' ]    =    60;
4.    print_r( $ array);
5. ? >
```

第 2 行定义了一个关联数组。

第 3 行对 $ array[' grade']元素进行了再次赋值。

第 4 行使用 print_r()函数输出赋值后的数组，数组中的元素被成功修改。

代码运行结果如图 4-3 所示。

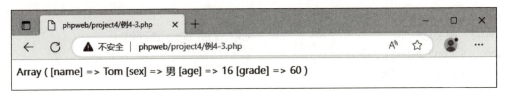

图 4-3　修改数组元素

3. 删除数组元素

unset()函数可以用来删除数组中的元素。unset()函数的作用为清除指定变量。

删除/添加一维数组

例 4-4：删除数组元素。新建"例 4-4.php"文件，文件内容如下（实例位置：资源包\实验源码\project4\例 4-4.php）。

```php
1. <? php
2.    $ array = array(' root1' ,' root2' ,' root3' );
3.    unset( $ array[1]);
4.    print_r( $ array);
5. ? >
```

第 2 行定义了数字索引数组。

第 3 行使用 unset()函数对数组中键值为 1 的数字索引数组的元素进行删除。

代码运行结果如图 4-4 所示。

图 4-4　删除数组元素

4. 添加数组元素

array_push()函数将数组当作一个栈，将传入的变量压入该数组的末尾，该数组的长度将增加入栈变量的数量，返回新的数组元素的总和。其语法格式如下。

```
array_push(array,value)
```

其中 array 为指定的数组，value 为压入数组中的值。向数字索引数组中添加元素时，将元素值添加到数组中即可；向关联数组中添加元素时，要使用完整格式"key=>value"。

例 4-5：向数组中添加元素。新建"例 4-5.php"文件，文件内容如下（实例位置：资源包\实验源码\project4\例 4-5.php）。

```php
1. <? php
2.    $ a＝array(' XiaoAn' ,' XiaoJun' ,' XiaoMing' );
3.    $ b＝array(' name' ＝>' XiaoAn' ,' sex' ＝>' 男' ,' age' ＝>16,' grade' ＝>86);
4.    array_push( $ a,' Zhangshan' );
5.    array_push( $ b,' subjects＝>Chinese' );
6.    print_r( $ a);
7.    echo    ' <br>' ;
8.    print_r( $ b);
9. ? >
```

第 2 行定义了数字索引数组。

第 3 行定义了关联数组。

第 4 行使用 array_push()函数向数字索引数组中添加一个元素。

代码运行结果如图 4-5 所示。

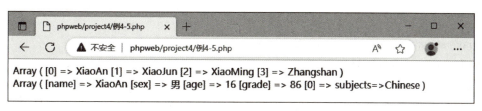

图 4-5　向数组中添加元素

5. 统计数组元素

count()函数可以对数组中的元素进行统计，其语法格式如下。

```
count(array,[int    mode])
```

其中 array 为输入的数组，mode 为可选参数，默认为 0，如设置为 COUNT_RECURSIVE(或 1)可对数组个数进行递归计数，这在统计多维数组的元素数量时非常有用。

例 4-6：统计数组元素个数。新建"例 4-6. php"文件，文件内容如下(实例位置：资源包\实验源码\project4\例 4-6. php)。

统计/遍历
一维数组

```php
1. <? php
2.    $ array＝array(' root1' ,' root2' ,' root3' );
3.    echo    count( $ array);
4. ? >
```

第 3 行使用 count()函数对数组元素个数进行统计。代码运行结果为"3"。

6. 遍历数组元素

遍历数组中的所有元素是常用的一项操作，在遍历的过程中可以完成查询等功能。遍历数组元素最常用的方法是使用 foreach 语句，foreach 语句的操作对象并非数组本身，而是数组的备份。foreach 语句的语法格式分为两种，如表 4-3 所示。

表 4-3　foreach 语句的两种语法格式

序号	代码	解释

1	foreach($ array as $ value)
	{
	　要执行的代码;
	}
		每进行一次循环,当前数组元素的值就被赋给 $ value 变量(数组指针会逐一移动),在进行下一次循环时,将看到数组中的下一个值

2	foreach($ array as $ key => $ value)
	{
	　要执行的代码;
	}
		每进行一次循环,当前数组元素的键与值就都被赋给 $ key 和 $ value 变量(数字指针会逐一移动),在进行下一次循环时,将看到数组中的下一个键与值

例 4-7: 遍历数组元素值。新建"例 4-7. php"文件,文件内容如下(实例位置:资源包\实验源码\project4\例 4-7. php)。

```
1. <? php
2.    $ array = array(' XiaoAn' ,' XiaoJun' ,' XiaoMing' );
3.    foreach( $ array as $ value){
4.       echo    $ value.'  ';
5. }
6. ? >
```

第 3 行使用 foreach()函数进行数组遍历,foreach 语句中的两个参数,第一个是要遍历的数组,第二个是元素值,本例中使用的为 $ value,也可以使用任意变量,例如 $ a 等,元素值与输出值保持一致即可。代码运行结果为"XiaoAn XiaoJun XiaoMing"。

例 4-8: 遍历数组键值、元素值。新建"例 4-8. php"文件,文件内容如下(实例位置:资源包\实验源码\project4\例 4-8. php)。

```
1. <? php
2.    $ array = array(' name' =>' XiaoAn' ,' sex' =>' 男' ,' age' =>16,' grade' =>86);
3.    foreach( $ array as $ key => $ value){
4.       echo    $ key.':'. $ value.' <br>';
5.    }
6. ? >
```

第 3 行使用 foreach 语句进行数组遍历,foreach 语句中第一个参数是要遍历的数组,数组元素可以使用完整形式" $ key => $ value"。其中 $ key 为键值, $ value 为元素值。

第 4 行使用"key:value"的形式进行输出。

代码运行结果如图 4-6 所示。

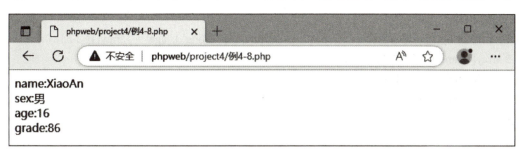

图 4-6　遍历数组键值、元素值

4.2.3　二维数组

二维数组是一种特殊的数组类型，也称为多维数组。它可以视为一个数组的数组，其中每个元素本身又是一个数组。在二维数组中，每个元素都可以是一组键值对。

二维数组在 PHP 中的定义方式相对简单，其语法格式如下。

```
$ 二维数组名称=array(
    array(元素 1 键名=>元素 1 值,元素 2 键名=>元素 2 值,…),
    array(元素 3 键名=>元素 3 值,元素 4 键名=>元素 4 值,…),
    …
);
```

二维数组的元素可以通过相应的键名和索引来访问。例如，要访问二维数组 $ students 的第一个元素的第二个键的值，可以使用" $ students[0, 1];"表示。

二维数组的键和值可以是任何 PHP 的数据类型，包括字符串、整数、浮点数、布尔值、对象等。

在实际开发中，二维数组经常用来表示嵌套的数据结构。例如，用一个二维数组表示一张学生成绩表，$ Score 二维数组即一张学生成绩表，它的每个元素都是一个关联数组，表示一个学生的姓名和分数。

```
$ Score=array(
    array(' name' =>' XiaoAn' ,' score' =>90),
    array(' name' =>' XiaoJun' ,' score' =>92),
    array(' name' =>' XiaoMing' ,' score' =>88),
);
```

二维数组是 PHP 中非常重要的数据类型之一，它可以用来表示各种嵌套的数据结构，以方便地对其进行操作和处理。同时也可以有三维数组、多维数组。

例 4-9：二维数组的定义及使用。新建"例 4-9.php"文件，文件内容如下（实例位置：资源包\实验源码\project4\例 4-9.php）。

二维数组
的使用

```
1. <? php
2.    $ array=array(' name' =>array(' XiaoAn' ,' XiaoJun' ,' XiaoMing' ),' age' =>array(16,17,18));
3.    $ array[' name' ][' 2' ]=' Zhangsan' ;
4.    unset( $ array[' age' ][' 1' ]);
5.    echo    $ array[' name' ][' 1' ]. ' <br>' ;
6.    print_r( $ array);
7. ? >
```

第 2 行定义了一个二维数组。

第 3 行对数组中的元素进行了修改。

第 4 行删除了数组中的指定元素。

第 5 行输出数组中指定元素的值。

第 6 行输出整个数组内容。

代码运行结果如图 4-7 所示。

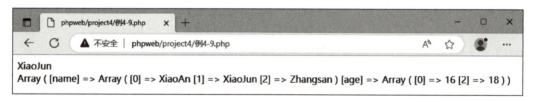

图 4-7　二维数组的定义及使用

4.2.4　PHP 函数

　　函数将程序中重复使用的功能写在一个独立的代码块中，在需要时可以独立调用。PHP 中有超过 1 000 个内置函数，在需要使用这些函数时直接调用即可，无须编写此函数功能。例如，count()函数可以统计数组中所有元素的数量，因此，在需要统计元素数量时，直接使用该函数即可。

1. 定义和调用函数

定义函数的基本语法格式如下。

```
1. function    fun_name(arg1,arg2,arg3,…){
2.    Evalcode;
3.    [return    values];
4. }
```

　　其中 function 为定义函数时必须使用的关键字；fun_name 为函数的名称；arg1，arg2，arg3，…为函数的参数；Evalcode 为函数的主体，是功能实现部分；[retrun values]为函数返回值，是可选参数，函数可以没有返回值。

　　当函数被定义好后，应用时就可以调用这个函数。调用函数的操作非常简单，只需要引用函数名并赋予正确的参数，即可完成函数的调用。

例 4-10：函数的定义及调用。新建"例 4-10. php"文件，文件内容如下（实例位置：资源包\实验源码\project4\例 4-10. php）。

```php
1. <? php
2.    function   Example( $ num){
3.       echo   $ num.' 的平方是：'. $ num* $ num;
4.    }
5.    Example(16);
6. ? >
```

第 2 行定义一个函数，函数名为 Example，函数中需要传入一个变量。

第 3 行为函数的主要功能实现，其功能是输出变量的平方（该函数没有返回值）。

第 5 行调用该函数，并传入正确的参数。

代码运行结果为"16 的平方是：256"。

在调用函数时，并非定义函数时有几个参数就必须携带几个参数，若定义函数时对参数进行了初始化，则调用函数时可以使用初始化值而不传入参数，调用函数时所传入的初始化的变量会覆盖原有的初始化值。

例 4-11：自定义函数的使用。新建"例 4-11. php"文件，文件内容如下（实例位置：资源包\实验源码\project4\例 4-11. php）。

```php
1. <? php
2.    function   Example1( $ a, $ b=1, $ c=2){
3.       $ num= $ a* $ b* $ c;
4.       return   $ num;
5.    }
6.    echo   Example1(5,2);
7. ? >
```

第 2 行在定义函数时设置了 3 个参数，其中变量 a 未初始化，变量 b 和变量 c 都进行了初始化。在调用函数时变量 a 不需要赋值，变量 b 和变量 c 可以赋值，也可以使用默认的初始值。

第 3 行为函数的主要代码，其功能是实现 3 个数相乘。

第 4 行将乘积结果作为函数运行结果返回。

第 6 行对函数进行调用，使用 echo 对函数返回值进行输出，传入参数时第一个参数为必传参数，第二个参数传入 2，覆盖函数定义时变量 b 的初始值 1，第三个参数使用了函数定义时的初始值。

代码运行结果为"20"。

2. 函数的递归

函数的递归实质上就是在函数中调用函数。

例 4-12：自定义函数递归。新建"例 4-12. php"文件，文件内容如下（实例位置：资源包\实验源码\project4\例4-12. php）。

```
1. <? php
2.   function  test( $ n){
3.     if( $ n= =1){
4.        return  1;
5.     }else{
6.        echo  "递归中";
7.        return  test( $ n-1);
8.     }
9.   }
10. echo  test(1). ' <br>';
11. echo  test(3). ' <br>';
12. echo  test(5). ' <br>';
13. ? >
```

test()函数的主要功能是判断函数调用时传入的参数是否为 1，为 1 时将 1 作为结果返回，否则递归调用自身且传入参数-1。代码运行结果如图 4-8 所示。

图 4-8 自定义函数递归

4.3 项目实施

将表 4-4 所示学生信息用二维数组表示，并在二维数组中完成下述操作。

（1）输出二维数组的内容及内容的数据类型。

（2）修改 XiaoJun 的 age（年龄）为 15。

（3）删除 XiaoAn 的 hobby（爱好）。

（4）以"name：age：hobby："的形式输出二维数组中的所有内容。

表 4-4 学生信息

name	XiaoAn	XiaoJun	XiaoMing
age	18	16	17

续表

name	XiaoAn	XiaoJun	XiaoMing
h o b b y	篮球	跑步	足球

4.3.1　方法一

二维数组
的遍历

Step01　在网站目录"D:\phpstudy_pro\WWW\PHPWeb\project4\"下新建名为"例4-13.php"的文件(实例位置:资源包\实验源码\project4\例4-13.php)。

Step02　使用 Sublime Text 编辑器编辑文件"例4-13.php",输出二维数组的详细内容,代码如下。

```
1.  <? php
2.      $ messages = array(
3.          01 =>array(' name' =>' XiaoAn' ,' age' =>18,' hobby' =>' 篮球'),
4.          02 =>array(' name' =>' XiaoJun' ,' age' =>16,' hobby' =>' 跑步'),
5.          03 =>array(' name' =>' XiaoMing' ,' age' =>17,' hobby' =>' 足球')
6.      );
7.      var_dump( $ messages);
8.      echo   ' <hr>';
```

第2~6行初始化一个二维数组,二维数组的键名分别为"01""02""03",二维数组的元素值为每条信息的一维数组。

第7行使用 var_dump()函数输出数组中的详细信息(注:print_r()函数不会显示数组中内容的数据类型)。

第8行输出一条水平线。

Step03　继续编辑文件,修改 XiaoJun 的 age(年龄)为15,代码如下。

```
9.      $ messages[02][' age' ] =15;
```

第9行对 XiaoJun 的 age(年龄)进行再次赋值,在二维数组中 XiaoJun 的 age(年龄)存储于键值为"01"的元素中,内容存储于键值为"age"的一维数组中。

Step04　删除 XiaoAn 的 hobby(爱好),代码如下。

```
10.     unset( $ messages[01][' hobby' ]);
```

第10行代码删除 XiaoAn 的 hobby(爱好),使用 unset()函数删除数组内容,在二维数组中 XiaoAn 的 hobby(爱好)存储于键值为"02"的元素中,内容存储于键值为"hobby"的一维数组中。

Step05　遍历二维数组,以"name:age:hobby:"的形式输出二维数组中的所有内容,代码如下。

```
11.    foreach( $ messages  as   $ key => $ value)  {
12.      foreach( $ messages[ $ key]  as   $ a => $ b)  {
13.        echo   $ a.':'. $ b.'  ';
14.      }
15.      echo   '<br>';
16.    }
17. ? >
```

第 11 行使用 foreach 语句对二维数组进行遍历，其中变量 key 表示二维数组中的键值，变量 value 表示二维数组中的一维数组，此次遍历的主要功能是获取变量 key 的键值（每循环一次读取一个键值）并输出换行。

第 12 行使用 foreach 语句对二维数组中的一维数组进行遍历，其中变量 a 表示一维数组中的键值，变量 b 表示一维数组中的元素值（每循环一次读取一个值，再次循环读取其他值，直至所有值读取完毕跳出循环）。

第 13 行代码以"$ a：$ b"的形式输出，满足"name：age：hobby："的形式。

Step06   保存文件，使用浏览器访问"例 4-13. php"文件，运行结果如图 4-9 所示。

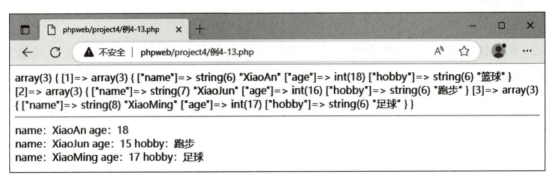

图 4-9   "例 4-13. php"文件运行结果

4.3.2   方法二

Step01   在网站目录"D:\phpstudy_pro\WWW\PHPWeb\project4\"下新建名为"例 4-14. php"的文件（实例位置：资源包\实验源码\project4\例 4-14. php）。

Step02   编辑文件"例 4-14. php"，输出二维数组的详细内容，代码如下。

```
1. <? php
2.    $ messages = array(' name' => array(' XiaoAn',' XiaoJun',' XiaoMing '),' age' => array(18,16,17),' hobby' =>
array(' 篮球',' 跑步',' 足球'));
3.    var_dump( $ messages);
4.    echo   '<hr>';
```

第 2 行初始化一个二维数组，二维数组的键名分别为"name""age""hobby"，二维数组元素的值为存放 name、age、hobby 的一维数组。

第 3 行使用 var_dump()函数输出数组的详细信息。

Step03　继续编辑文件"例 4-14.php"，修改 XiaoJun 的 age(年龄)为 15，代码如下。

```
5.    $ messages[' age' ][' 1' ]=15;
```

第 5 行中对 XiaoJun 的 age(年龄)进行再次赋值，在二维数组中 XiaoJun 的 age(年龄)存储在键值为"age"的元素中，内容存储在下标为 1 的一维数字索引数组中。

Step04　删除 XiaoAn 的 hobby(爱好)，代码如下。

```
6.    unset( $ messages[' hobby' ][' 0' ]);
```

第 6 行使用 unset()函数删除 XiaoAn 的 hobby(爱好)，在二维数组中 XiaoAn 的 hobby(爱好)存储在键值为"hobby"的元素中，内容存储在下标为 0 的一维数字索引数组中。

Step05　遍历二维数组，以"name：age：hobby："的形式输出二维数组中的所有内容，代码如下。

```
7.    foreach( $ messages as $ key=> $ value)   {
8.      foreach( $ messages[ $ key]as $ a=> $ b){
9.        foreach   ( $ messages as $ key=> $ value)   {
10.         echo    $ key.':'. $ messages[ $ key][ $ a].'   ';
11.       }
12.       echo   ' <br>';
13.     }
14.   }
15. ? >
```

第 7 行使用 foreach 语句对二维数组进行遍历，其中 $ key 表示二维数组中的键值，$ value 表示二维数组中的一维数组，此次遍历的主要功能是获取 $ key 键值。

第 8 行使用 foreach 语句对二维数组中的一维数组进行遍历，其中 $ a 表示数组一维数组中的数字键值，$ b 表示一维数组中的元素值。结合第 7 行、第 8 行二次遍历可以获取每个键值中的一维数组，例如"name(' XiaoAn'，' XiaoJun'，' XiaoMing')"，不满足"name：age：hobby："的输出形式。

第 9 行再次使用 foreach 语句进行循环，获取 name 数组中第一个元素的值后，再获取 age 数组中第一个元素的值，依此类推，能够满足"name：age：hobby："的输出形式。

本代码的缺陷是第 7 行代码也会循环 3 次，最终导致结果被重复输出了 3 次。

Step06　保存文件，使用浏览器访问"例 4-14.php"文件，运行结果如图 4-10 所示。

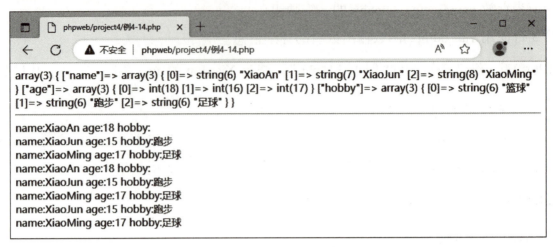

图 4-10 "例 4-14. php"文件运行结果

4.4 项目拓展

通过"项目实施",读者已经基本掌握数组。请结合本项目知识点与项目 5 前端表单基础知识,完成 PNG 文件、TXT 文件、PHP 文件上传后,输出相关系统变量 $_FILE 的详细信息。

展示文件
上传信息

具体操作步骤如下。

Step01 需求分析。

需要前端文件"upload. html"文件提供上传窗口,需要后端文件"例 4-15. php"处理上传后前端文件传入的参数,此任务中输出 $_FILE 的详细信息即可,无须对上传文件进行处理。

Step02 在网站目录"D:\phpstudy_pro\WWW\PHPWeb\project4\"下新建名为"upload. html"的文件。

Step03 使用 Sublime Text 编辑器编辑文件"upload. html",代码如下。

```
1. <! DOCTYPE   html>
2. <html   lang="en">
3. <head>
4.    <meta   charset="UTF-8">
5.    <title>文件上传</title>
6. </head>
7. <body>
8. <form   action="例 4-15. php"   method="post"   enctype="multipart/form-data">
```

```
9.    <label    for="file">Filename:</label>
10.   <input   type="file"   name="file"   id="file"   />
11.   <br   />
12.   <input   type="submit"   name="sumbit"   value="上传"   />
13. </form>
14. </body>
15. </html>
```

第 8~13 行使用 form 表单完成文件上传功能，用户选择文件，单击"上传"按钮，将上传文件相关信息提交至"例 4-15. php"文件进行处理。

Step04　在网站目录"D:\phpstudy_pro\WWW\PHPWeb\project4\"下新建名为"例 4-15. php"的文件。

Step05　编辑"例 4-15. php"文件，代码如下。

```
1. <? php
2.   print_r( $_FILES);
3. ? >
```

第 2 行直接使用 print_r()函数打印 $_FILES 变量的全部信息， $_FILES 为 PHP 中的预定义变量，主要用于存放 HTTP 请求中上传文件的相关变量。

Step06　使用浏览器访问"upload. html"文件，单击"选择文件"按钮，选择任意 BMP 图片，单击"上传"按钮，如图 4-11 所示，上传后浏览器会跳转至"例 4-15. php"文件，输出图 4-12 所示内容。

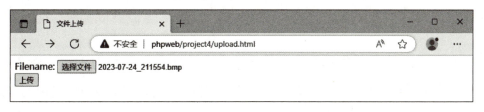

图 4-11　上传任意 BMP 图片

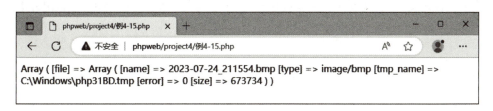

图 4-12　BMP 图片上传结果

Step07　使用浏览器访问"upload. html"文件，单击"选择文件"按钮，选择任意 TXT 文件，单击"上传"按钮，输出图 4-13 所示相关信息。

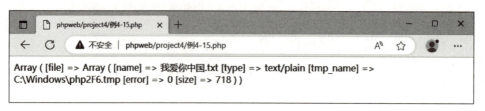

图 4-13　TXT 文件上传结果

Step08　使用浏览器访问"upload.html"文件，单击"选择文件"按钮，选择任意 PHP 文件，单击"上传"按钮，输出图 4-14 所示相关信息。

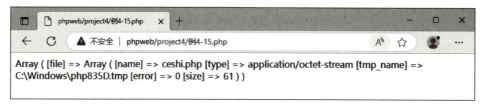

图 4-14　PHP 文件上传结果

从图 4-12 ~ 图 4-14 得出，预定义变量 $_FILES 为一个二维数组，其键值由前端"upload.html"文件中第 10 行"name="file""定义，二维数组的元素值为一个一维数组，这个一维数组中的键值是固定的，无论上传什么类型的文件，其键值始终为"name, type, tmp_name, error, size"。一维数组中键值对应的元素值为上传文件的相关信息。

4.5　项目小结

通过本项目的学习，读者能描述 PHP 数组的分类及定义；能识别数字索引数组、关联数组；能定义数组；会输出、修改、删除、添加、遍历及统计数组元素；能应用及遍历二维数组；能模仿"项目实施"中的二维数组遍历实例的应用。通过"项目拓展"的学习，读者能举一反三地解释不同文件上传获取二维数组信息的过程。本项目知识小结如图 4-15 所示。

图 4-15　项目 4 知识小结

4.6 知识巩固

一、单选题

1. 在 PHP 中定义函数的语法格式是(　　　)。

A. $ test(){}

B. test(){}

C. var test(){}

D. function test(){}

2. 数字索引数组的键是(　　　)，关联数组的键是(　　　)。

A. 字符串、布尔值

B. 整数、字符串

C. 正数、负数

D. 浮点数、字符串

3. 运行以下代码将显示什么？(　　　)

```
<? php
  define(myvalue,"10");
  $ myarray[10] = "Dog";
  $ myarray[] = "Human";
  $ myarray[' myvalue' ] = "Cat";
  $ myarray["Dog"] = "Cat";
  print "The value is: ";
  print $ myarray[myvalue]. "\n";
? >
```

A. The Value is : Human

B. The Value is : Dog

C. The Value is : 10

D. The Value is : Cat

4. 以下代码的运行结果为(　　　)。

```
<? php
  $ arr = array(' 3' =>a,' 1b' =>b,' c',' d' );
  echo $ arr[1];
? >
```

A. A

B. b

C. c

D. 一个警告

5. array_push()函数的作用是(　　　)。

A. 将数组的第一个元素弹出

B. 将数组的最后一个元素弹出

C. 将一个或多个元素压入数组的末尾

D. 将一个或多个元素插入数组的开头

6. 下列关于数组的说法中错误的是(　　　)。

A. 数组是一个可以存储一组或一系列数值的变量

B. 键和值之间存在一种对应关系，称为映射

C. PHP 中数组的下标可以是整型、字符串型和浮点型

D. 数字索引数组的下标可以依次递增

7. 以下代码的运行结果为（　　）。

```
$ arr = array(1=>'aa','1'=>'bb');
echo $ arr[1];
```

A. aa　　　　　　　　B. bb　　　　　　　　C. aabb　　　　　　D. bbaa

8. 下列选项中，可以用于遍历关联数组的是（　　）。

A. while 语句　　B. switch 语句　　C. foreach 语句　　D. for 语句

9. 以下代码的运行结果为（　　）。

```
$ arr =array(0,1,2,3);
unset($ arr[1]);
echo $ arr[2];
```

A. 0　　　　　　　　B. 1　　　　　　　　C. 2　　　　　　　　D. 3

10. 以下代码的运行结果为（　　）。

```
$ arr =array(1,2);
foreach($ arr as $ v){
  ++$ v;
}
print_r($ arr);
```

A. Array([0]=>1[1]=>2)　　　　　　B. Array([0]=>2[1]=>3)

C. Array([1]=> 1[2]=> 2)　　　　　　D. Array([0]=>3)

二、多选题

1. PHP 中定义数组的正确方式有（　　）。

A. $ a=array("10","20");　　　　　　B. $ a[ ]=10; $ a[ ]=20;

C. $ a=[10, 20];　　　　　　　　　　D. $ a=new int[ ];

2. PHP 中数组可以使用哪些键名？（　　）

A. 数字　　　　　　　　　　　　　　B. 下标

C. 随机　　　　　　　　　　　　　　D. 文本（或字符串）

3. 下列说法中错误的有（　　）。

A. 数组的下标必须是数字且从"0"开始　　B. 数组的下标可以是字符串

C. 数组中元素的数据类型必须一致　　　　D. 数组的下标必须是连续的

4. 下列关于数字索引数组的描述正确的是（　　）。

A. 遍历数字索引数组一般使用 for 语句

B. 数字索引数组只有一维的，没有二维的

C. 数字索引数组的下标必须都是数字

D. 数字索引数组的下标默认从"0"开始

5. 已知数组" $ arr = array("aa","bb", 12，3，4)；"，下列不可以删除数组中 bb 元素的语句是( )。

A. echo $ arr[1]；

B. unset($ arr[3])；

C. unset($ arr[1])；

D. unset($ arr[0])；

三、判断题

1. PHP 中的数组是一组相同类型的数据集合。 ( )

2. 只有 var_dump()函数能够输出数组结构。 ( )

3. for 语句和 foreach 语句都可以遍历数组。 ( )

4. 若定义数组时省略关键字 key，则第三个数组元素的关键字为3。 ( )

5. PHP 中数组的键必须为数字，且从"0"开始。 ( )

4.7 实战强化

遍历如下数组并显示出来，结果如图 4-16 所示。

```php
1. <? php
2. $ arr = array(
3.    '教学部' =>array(
4.       array('张三','21','男'),
5.       array('李四','18','女'),
6.       array('王五','20','男'),
7.    ),
8.    '学工部' =>array(
9.       array('李某','18','女'),
10.      array('高某','20','男'),
11.      array('张某','21','男'),
12.   ),
13.   '财务部' =>array(
14.      array('李某','18','女'),
15.      array('高某','20','男'),
16.      array('张某','21','男'),
```

17.　));
18. ? >

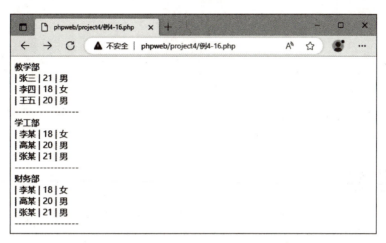

图 4-16　遍历三维数组结果

项目 5

PHP 表单与文件上传

5.1　项目描述

　　通过项目 4 的学习，读者掌握了 PHP 数组和 PHP 函数，本项目在 PHP 数组的基础上实现 PHP 文件上传功能，主要介绍表单基础知识和 PHP 文件上传的方法。

　　本项目学习要点如下。

　　(1)表单基础知识。

　　(2)PHP 配置文件"php. ini"。

　　(3) $_FILES 预定义变量。

　　(4)PHP 中文件操作相关函数。

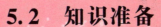

5.2   知识准备

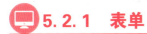

5.2.1   表单

随着互联网技术的发展，网站的功能越来越丰富，很多网站需要从用户处收集信息用于提供更多服务。表单的功能主要是搜集不同类型的用户输入的内容，如用户名、密码、搜索关键词，上传图片或文件的信息等。

表单是在一个特定区域，用于采集用户信息。表单元素是指表单区域中不同类型的 input 元素、复选框、单选按钮、提交按钮等标签。

1. 表单标签

1) 功能

表单标签用于创建一个表单区域。

2) 语法格式

```
<form></form>
```

3) 基本用法

```
<form method="post" action="login. php" enctype="multipart/form-data">
<input type="test" name=' user'  placeholder="用户名"><br>
</form>
```

4) 参数说明

（1）action：表示当前表单中的内容提交给哪个页面进行处理。

（2）method：表示当前表单提交的方式，常见的有 GET 和 POST 方式，默认是 GET 方式。

2. 表单元素

表单元素允许用户在表单中输入信息，从而采集用户信息。表单元素包括文本框、按钮、单选框、复选框、下拉列表、文本区域，可以根据 type 属性确定显示哪种表单元素。表单元素说明如表 5-1 所示。

表 5-1   表单元素说明

表单元素属性取值	说明
type="text"	单行文本输入框
type="password"	密码输入框

表单元素属性取值	说明
type="radio"	单选框
type="checkbox"	复选框
type="file"	文件域
type="submit"	将表单中的信息提交给表单属性 action 所指向的文件
type="reset"	将表单中的信息清空，重新填写
type="image"	图片提交按钮
type="button"	按钮
type="hidden"	隐藏域

例 5-1： form 表单的使用。在网站目录"D:\phpstudy_pro\WWW\PHPWeb\project5\"下新建名为"例 5-1. html"的文件，代码如下。

表单页面
的制作

```
1. <! DOCTYPE html>
2. <html>
3. <head>
4.    <meta charset="utf-8">
5.    <title>from 表单</title>
6. </head>
7. <body>
8. <form action="" method="post">
9.    用户名:<input type="text" name=""><br /><br/>
10.   密码:<input type="password" name=""><br /><br/>
11.   兴趣爱好:<input type="checkbox" />篮球<input type="checkbox" />学习<br /><br/>
12.   性别:<input type="radio" />男<input type="radio" />女<br /><br/>
13.   选择文件:<input type="file" /><br /><br />
14.   <input type="submit" />
15.   <input type="reset" /><br /><br/>
16.   <input type="image" src="./我爱你中国.png" /><br /><br/>
17.   <input type="button" value="注册" /><br /><br/>
18.   <input type="hidden" />
19. </form>
20. </body>
21. </html>
```

第 16 行中"我爱你中国. png"图片位于"D:\phpstudy_pro\WWW\PHPWEB\project5\"目录下，该图片可使用其他图片代替。

保存文件，通过浏览器访问"例 5-1. html"文件，运行结果如图 5-1 所示。

图 5-1　form 表单的使用

5.2.2　PHP 配置文件

PHP 配置文件是"php. ini"文件,它是 PHP 运行时的核心配置文件,用来设置 PHP 可以使用的功能参数。

"php. ini"文件在 PHP 启动时被读取。对于服务器模块版本的 PHP,仅在 Web 服务器启动时读取一次"php. ini"文件。对于 CGI 和 CLI 版本,每次调用时都会读取"php. ini"文件。

1. 文件位置

在 phpStudy 集成环境下,"php. ini"文件位于安装路径"Extensions\php"目录下,也可以借助 phpinfo()函数获取"php. ini"文件的位置。

phpinfo()是 PHP 内置的函数,它以网页的形式输出 PHP 的具体配置信息,包含 PHP 编译选项、启用的扩展、PHP 版本、服务器信息和环境变量、PHP 环境变量、操作系统版本、Path 变量、配置选项的本地值和主值、HTTP 头和 PHP 授权等信息。

例 5-2:使用 phpinfo()函数获取配置信息。在网站目录"D: \ phpstudy_pro \ WWW \ PHPWeb\project5\"下新建名为"例 5-2. php"的文件,代码如下。

```php
<? php
   phpinfo();
? >
```

保存文件,通过浏览器访问"例 5-2. php"文件,"php. ini"文件路径信息如图 5-2 所示。

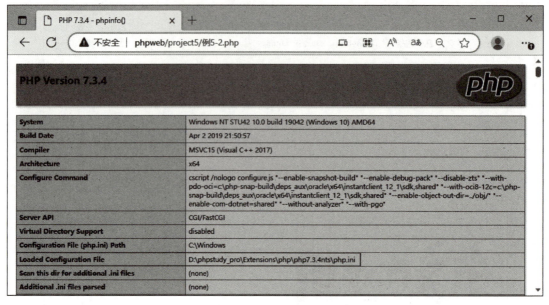

图 5-2　"php. ini"文件路径信息

2. 文件上传相关配置

在"php. ini"文件中可以对功能参数进行设置，其中文件上传相关配置如表 5-2 所示。

表 5-2　文件上传相关配置

参数	功能
file_uploads	默认值为 On，允许 HTTP 文件上传，此选项不能设置为 Off
upload_tmp_dir	文件上传至服务器时用于临时存储的目录，如果没有指定，系统会使用默认的临时文件夹
upload_max_filesize	允许上传文件大小的最大值，这个值必须小于 post_max_size（PHP 7.3 版本为 100M，其他版本中给的值均不同）
post_max_size	PHP 可接收的 POST 数据的最大值（包括表单中的所有值的总和）
memory_limit	每个 PHP 文件所占的最大内存数，这个值要大于允许上传的文件大小
max_execution_time	每个 PHP 文件运行的最长时间（秒）
max_input_time	PHP 解析 POST/GET 数据的最长时间（秒），默认为 60 秒

为了保证文件能够正常上传，相关配置应遵循"memory_limit> post_max_size> upload_max_filesize"的原则。

5.2.3　HTTP 文件上传变量

当客户端通过 form 表单上传一个文件时，$_FILES 会返回一个二维关联数组给后端 PHP 文件，后端 PHP 文件用 $_FILES 预定义变量处理表单信息。

1. $_FILES 数组键值

$_FILES 数组键值由 HTML 文件确定，如下代码第 3 行中 input 标签的 name 值 "myfile" 即 $_FILES 数组的键值。

```
1. <form action="test. php" method="post" enctype="multipart/form-data">
2.    <label for="file">Filename:</label>
3.    <input type="file" name="myfile" id="file" />
4.    <input type="submit" name="sumbit" value="上传" />
5. </form>
```

2. $_FILES 数组元素值

$_FILES 数组元素值是一维关联数组，其中一维关联数组的键值为固定值，分别为 name、type、tmp_name、error、size。一维关联数组的值为 HTML 文件上传对象的详细信息，具体含义如下。

1) $_FILES[' myFile'][' name']

返回客户端传入的文件原名称，如用户传入 "1. jpg"，则 "$_FILES[' myFile'][' name'] = 1. jpg"，文件上传成功后，不会保存原文件名，要过滤掉文件名中的敏感关键词。

2) $_FILES[' myFile'][' type']

返回客户端传入的文件 MIME 类型。为了防止图片中插入病毒、附件中上传病毒，需要对上传文件的后缀和 MIME 类型进行判断。典型的文件 MIME 类型如表 5-3 所示。

表 5-3　典型的文件 MIME 类型

类型	描述	典型示例
text	表明文件是普通文本	text/plain, text/html, text/css, text/javascript
image	表明文件是某种图像	image/gif, image/png, image/jpeg, image/bmp, image/webp, image/x-icon, image/vnd. microsoft. icon
audio	表明文件是某种音频	audio/midi, audio/mpeg, audio/webm, audio/ogg, audio/wav
video	表明文件是某种视频	video/webm, video/ogg
application	表明文件是某种二进制数据	application/octet-stream, application/pkcs12, application/vnd. mspowerpoint, application/xhtml+xml, application/xml, application/pdf

3) $_FILES[' myFile'][' tmp_name']

返回客户端传入的文件在服务器端存储的临时文件名。

4) $_FILES[' myFile'][' error']

返回客户端传入的文件的相关错误码。相关错误码详解如表 5-4 所示。

表 5-4　相关错误码详解

错误码	说明
0	无误，可以继续进行文件上传的后续操作
1	超出上传文件的最大限制，upload_max_filesize = 2M php.ini 中设置，一般默认为 2M。可根据项目的实际需要修改
2	超出了指定的文件大小，根据项目的业务需求指定上传文件的大小限制
3	只有部分文件被上传
4	文件没有被上传
6	找不到临时文件夹，可能目录不存在或没有权限
7	文件写入失败，可能磁盘已满或没有权限

5）$_FILES[' myFile'][' size']

返回客户端传入的文件大小，单位为字节。

5.2.4　文件操作函数

1. is_uploaded_file( ) 函数

1）功能

is_uploaded_file()函数判断指定的文件是否是通过 HTTP POST 上传的。

2）语法格式

```
is_uploaded_file(string  $ filename):bool
```

3）参数说明

filename 是必需参数，是要检查的文件名。

如果 filename 给出的文件是通过 HTTP POST 上传的则返回 true。

该函数可以用于确保恶意用户无法欺骗脚本去访问本不能访问的文件。

如果上传的文件有可能对用户或本系统的其他用户显示其内容的话，则这种检查格外重要。

要使用 is_uploaded_file()函数，必须指定 $_FILES[' userfile'][' tmp_name']变量，注意客户端上传的文件名 $_FILES[' userfile'][' name']作为参数时该函数不能正常运行。

2. move_uploaded_file( ) 函数

1）功能

move_uploaded_file()函数将上传的文件移动到新位置，若成功，则返回 true，否则返回 false。

2）语法格式

```
move_uploaded_file(file,newloc)
```

3）参数说明

file 为必需参数，指定要移动的文件。

newloc 为必需参数，指定文件的新位置。

该函数检查由 file 指定的文件是否为合法的上传文件。

如果 file 指定的文件是合法的上传文件，则将其移动到由 newloc 指定的新位置，并返回 ture。若由于某些原因无法移动，则不会进行任何操作，move_uploaded_file()函数返回 false，此外还会发出一条警告。

如果 file 指定的文件不是合法的上传文件，则不会进行任何操作，move_uploaded_file() 函数返回 false。

5.3　项目实施

使用 PHP 数组及本项目的知识点，完成白名单文件上传，具体任务如下。

（1）仅允许文件 MIME 类型为 image/png 的图片上传。

（2）限制上传图片大小为 100Kbit。

（3）将上传后的图片保存至"upload"文件夹。

白名单文件
上传功能

具体操作步骤如下。

Step01　需求分析。

需要一个 HTML 文件"例 5-3. html"提供上传文件功能，由"例 5-3. php"后端文件处理前端传入的参数，验证上传的文件是否满足条件。

Step02　打开 phpStudy 软件，单击面板"首页"页面 Apache 2.4.39 右侧的"启动"按钮，启动 Apache 服务。

Step03　在网站目录"D:\phpstudy_pro\WWW\PHPWeb\project5\"下新建一个"upload"文件夹，该文件夹主要用于存放上传成功的文件。

Step04　在网站目录"D:\phpstudy_pro\WWW\PHPWeb\project5\"下新建名为"例 5-3. html"的文件。

Step05　编辑"例 5-3. html 文件"，代码如下。

```
1. <html>
2. <meta http-equiv="Content-Type" content="text/html" charset="utf-8">
3. <head>
4.    <title>文件上传</title>
5. </head>
6. <body>
7. <form action="例 5-3. php" method="post" enctype="multipart/form-data">
8.    <label for="file">Filename:</label>
9.    <input type="file" name="file" id="file" />
10.   <br />
11.   <input type="submit" name="sumbit" value="上传" />
12. </form>
13. </body>
14. </html>
```

注意：表单中 method 的参数必须为 post，若为 get 则无法进行文件上传。enctype 的参数必须为"multipart/form-data"。

Step06 在网站目录"D:\phpstudy_pro\WWW\PHPWeb\project5\"下新建名为"例5-3. php"的文件。

Step07 编辑"例 5-3. php"文件，代码如下。

```
1. <? php
2.   if( $_FILES[' file' ][' error' ]==0){
3.      //代码块
4.   }else{
5.      exit(' 文件上传失败');
6.   }
7. ? >
```

第 2~6 行对文件上传是否成功进行判断，$_FILES 数组中 $_FILES[' myFile'][' error']的值为 0 时，表示文件上传成功，其他值均表示文件上传失败。

Step08 继续编辑"例 5-3. php"文件，完成对上传文件 MIME 类型的判断，代码如下。

```
1. if(( $_FILES["file"]["type"]! ="image/png")){
2.    exit(' 不允许的文件格式');
3. }
```

$_FILES 数组中 $_FILES[' myFile'][' type']的值会对文件的 MIME 类型进行判断，PNG 图片的 MIME 类型为 image/png。

Step09 继续编辑"例 5-3. php"文件，完成对文件上传大小的判断，代码如下。

```
1. if( $_FILES[' file' ][' size' ] > 100* 1024){
2.    exit(' 文件大小异常');
3. }
```

$_FILES 数组中 $_FILES [' myFile'][' size']的值用于对文件大小进行识别，显示文件大小单位 Byte。

Step10　继续编辑"例 5-3. php"文件，移动文件至"upload"文件夹中，代码如下。

```
1. $ dir = ' . /upload/' ;
2. move_uploaded_file( $_FILES[' face' ][' tmp_name' ], $ dir. $_FILES[' face' ][' name' ]);
3. echo ' 上传成功';
```

move_uploaded_file()函数将上传的文件移动到新位置，若上传的文件与原文件重名，则会覆盖原文件。

Step11　结合以上步骤，完善"例 5-3. php"文件，代码如下。

```
1. <? php
2.    if( $_FILES[' file' ][' error' ]= =0){
3.        if(( $_FILES["file"]["type"]!  ="image/png")){
4.            exit(' 不允许的文件格式');
5.        }
6.        if( $_FILES[' file' ][' size' ] > 100* 1024){
7.            exit(' 文件大小异常');
8.        }
9.        $ dir =' . /upload/' ;
10.    move_uploaded_file( $_FILES[' file' ][' tmp_name' ], $ dir. $_FILES[' file' ][' name' ]);
11.    echo ' 上传成功';
12.    }else{
13.        exit(' 文件上传失败');
14.    }
15. ? >
```

Step12　保存"例 5-3. php"文件。通过浏览器访问"例 5-3. html"文件，运行结果如图 5-3 所示。

图 5-3　文件上传前端页面

Step13　白名单文件上传功能验证。通过浏览器访问"例 5-3. html"文件，单击"选择

文件"按钮，选择任意非 PNG 文件（"我爱你中国.txt"，文件位于资源包"项目 5"中），单击
"上传"按钮后，页面会跳转至"例 5-3.php"文件，显示"不允许的文件格式"，如图 5-4
所示。

图 5-4　TXT 文件上传结果

Step14　通过浏览器访问"例 5-3.html"文件，单击"选择文件"按钮，上传大于
100Kbit 的 PNG 图片（"我爱你中国大图.png"，文件位于资源包"项目 5"中），单击"上传"
按钮后，页面会跳转至"例 5-3.php"文件，显示"文件大小异常"，如图 5-5 所示。

图 5-5　较大 PNG 文件上传结果

Step15　通过浏览器访问"例 5-3.html"文件，单击"选择文件"按钮，上传小于
100Kbit 的 PNG 图片（"我爱你中国.png"，文件位于资源包"项目 5"中），单击"上传"按钮
后，页面会跳转至"例 5-3.php"文件，显示"上传成功"，如图 5-6 所示。文件上传成功后
会保存至"upload"文件夹中，如图 5-7 所示。

图 5-6　小于 100Kbit 的 PNG 文件上传

图 5-7　文件保存至本地

5.4　项目拓展

通过"项目实施"的学习，读者已基本掌握 PHP 中白名单文件上传方法。请结合本项目知识点，完成 PHP 黑名单过滤，具体要求如下。

（1）仅允许以 HTTP POST 方式上传文件。

（2）不允许后缀为".php"".gif"的文件上传。

（3）将上传后的文件保存至"upload"文件夹中并重命名。

具体操作步骤如下。

Step01　需求分析。

黑名单文件
过滤功能

需要一个 HTML 文件"例 5-4.html"提供上传文件功能，由"例 5-4.php"后端文件处理前端传入的参数，验证上传的文件是否满足条件。

Step02　将"例 5-3.html"文件另存为"例 5-4.html"文件，进行编辑，代码如下。

```
7.  <form action="例 5-4.php" method="post" enctype="multipart/form-data">
```

修改第 7 行中 action 的值为"例 5-4.php"。

Step03　编辑"例 5-4.html"文件，代码如下。

```
1.  <! DOCTYPE html>
2.  <html>
3.  <head>
4.    <meta charset="utf-8">
5.    <title>黑名单过滤文件上传</title>
6.  </head>
7.  <body>
8.  <form action="例 5-4.php" method="post" enctype="multipart/form-data">
9.    <label for="file">Filename:</label>
10.   <input type="file" name="file" id="file" />
11.   <br />
12.   <input type="submit" name="sumbit" value="上传" />
13. </form>
14. </body>
15. </html>
```

第 8~12 行在 form 表单中完成用户登录功能，输入用户名和密码后，单击"登录"按钮，将用户输入信息通过 POST 方式提交至"例 5-4.php"文件进行处理。

Step04 在网站目录"D:\phpstudy_pro\WWW\PHPWeb\project5\"下新建名为"例5-4.php"的文件，编辑文件，对文件上传是否成功进行判断，代码如下。

```php
<? php
  if( $_FILES[' file' ][' error' ]==0){
    //代码块
  }else{
    exit(' 文件上传失败' );
  }
? >
```

$_FILES 数组中 $_FILES[' myFile'][' error']的值为 0 时，表示文件上传成功，其他值均表示文件上传失败。

Step05 继续编辑"例5-4.php"文件，对上传文件请求方式进行验证，代码如下。

```php
if(! is_uploaded_file( $_FILES[' file' ][' tmp_name' ])){
  exit(' 上传方式异常' );
}
```

is_uploaded_file()函数的功能是判断文件是否是通过 HTTP POST 上传。

Step06 继续编辑"例5-4.php"文件，对文件后缀进行验证，代码如下。

```php
$ file_ext=substr( $_FILES[' file' ][' name' ], strrpos( $_FILES[' file' ][' name' ],". ")+1);
if( $ file_ext==gif ||  $ file_ext==php){
  exit(' 不允许的文件' );
}
```

strrpos() 函数的功能是查找字符串在另一字符串中最后一次出现的位置，可以在文件名中定位到"."，"."后的内容为文件后缀。文件后缀验证需要使用 strrpos() 函数将文件后缀截取出来。

substr()函数是字符截取函数，可用于将文件名中的后缀截取出来。

Step07 继续编辑"例5-4.php"文件，将文件移动至"upload"文件夹中并重命名，代码如下。

```php
$ dir = '. /upload/' . rand(10,99). date("YmdHis"). ". ".  $ file_ext;;
move_uploaded_file( $_FILES[' file' ][' tmp_name' ], $ dir);
echo ' 上传成功';
```

文件重命名可以使用 rand(10, 99). date("YmdHis")函数生成随机数字作为文件名，拼接文件后缀后可作为保存后的文件名。

move_uploaded_file()函数将上传的文件移动到新位置，若上传的文件与原文件重名，则会覆盖原文件。

Step08　结合以上步骤，完善"例 5-4. php"文件，代码如下。

```php
1. <? php
2. if( $_FILES[' file' ][' error' ]= =0){
3. if(! is_uploaded_file( $_FILES[' file' ][' tmp_name' ])){
4.    exit(' 上传方式异常' );
5. }
6. $ file_ext=substr( $_FILES[' file' ][' name' ], strrpos( $_FILES[' file' ][' name' ],". ")+1);
7. if( $ file_ext = = ' gif'  ||  $ file_ext = = ' php' ){
8.    exit(' 不允许的文件' );
9. }
10. $ dir =' . /upload/' . rand(10,99). date("YmdHis"). ". ". $ file_ext;;
11. move_uploaded_file( $_FILES[' file' ][' tmp_name' ], $ dir);
12. echo ' 上传成功' ;
13. }else{
14.    exit(' 文件上传失败' );
15. }
16. ? >
```

Step09　保存文件，通过浏览器访问"例 5-4. html"文件，单击"选择文件"按钮，上传任意 PHP/GIF 文件，单击"提交"按钮后，网站会提示"不允许的文件"，运行结果如图 5-8 所示。

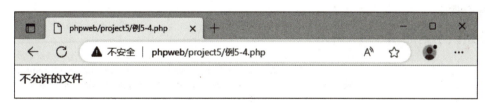

图 5-8　PHP/GIF 文件上传结果

Step10　通过浏览器访问"例 5-4. html"文件，单击"选择文件"按钮，上传除 PHP/GIF 文件外的任何文件（"我爱你中国 . png"，文件位于资源包"项目 5"中），单击"上传"按钮后，网站会提示"上传成功"，如图 5-9 所示，文件保存至"upload"文件夹中并重命名，如图 5-10 所示。

图 5-9　PNG 文件上传结果

图 5-10　PNG 文件保存并重命名

5.5　项目小结

通过本项目的学习，读者能说明表单标签和表单元素及其用法；熟悉 PHP 配置文件的参数配置，尤其学会了文件上传的相关配置；能熟练应用 $_FILES 数组的键值和元素值；能扩展文件上传检测和文件移动函数的应用。通过"项目拓展"的学习，读者已掌握文件上传的方法和步骤。

本项目知识小结如图 5-11 所示。

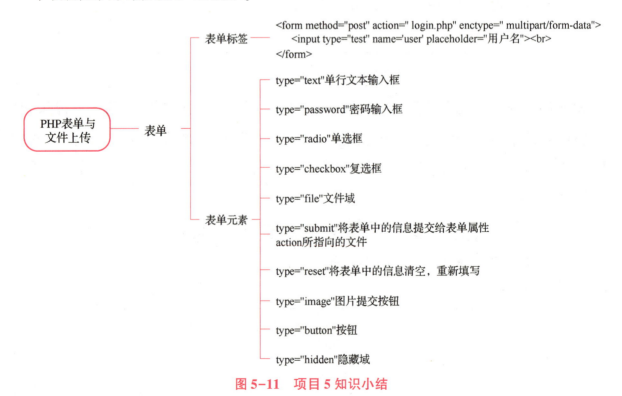

图 5-11　项目 5 知识小结

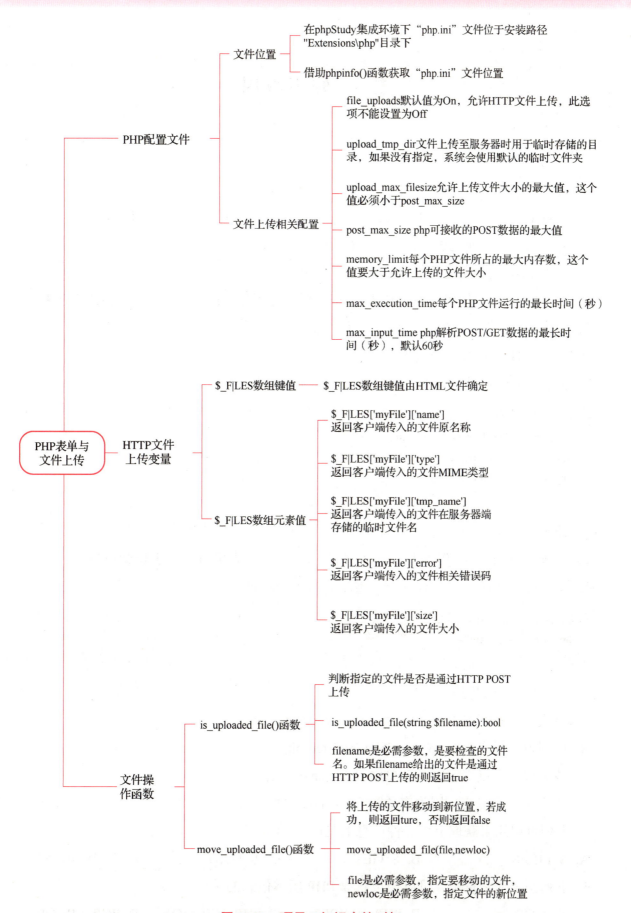

在phpStudy集成环境下"php.ini"文件位于安装路径"Extensions\php"目录下

借助phpinfo()函数获取"php.ini"文件位置

file_uploads默认值为On，允许HTTP文件上传，此选项不能设置为Off

upload_tmp_dir文件上传至服务器时用于临时存储的目录，如果没有指定，系统会使用默认的临时文件夹

upload_max_filesize允许上传文件大小的最大值，这个值必须小于post_max_size

post_max_size php可接收的POST数据的最大值

memory_limit每个PHP文件所占的最大内存数，这个值要大于允许上传的文件大小

max_execution_time每个PHP文件运行的最长时间（秒）

max_input_time php解析POST/GET数据的最长时间（秒），默认60秒

文件位置

文件上传相关配置

PHP配置文件

$_F|LES数组键值 —— $_F|LES数组键值由HTML文件确定

$_F|LES['myFile']['name']
返回客户端传入的文件原名称

$_F|LES['myFile']['type']
返回客户端传入的文件MIME类型

$_F|LES['myFile']['tmp_name']
返回客户端传入的文件在服务器端存储的临时文件名

$_F|LES['myFile']['error']
返回客户端传入的文件相关错误码

$_F|LES['myFile']['size']
返回客户端传入的文件大小

$_F|LES数组元素值

HTTP文件上传变量

PHP表单与文件上传

判断指定的文件是否是通过HTTP POST上传

is_uploaded_file(string $filename):bool

filename是必需参数，是要检查的文件名。如果filename给出的文件是通过HTTP POST上传的则返回true

is_uploaded_file()函数

将上传的文件移动到新位置，若成功，则返回ture，否则返回false

move_uploaded_file(file,newloc)

file是必需参数，指定要移动的文件，newloc是必需参数，指定文件的新位置

move_uploaded_file()函数

文件操作函数

图 5-11　项目 5 知识小结 (续)

5.6 知识巩固

一、单选题

1. PHP 配置文件是( )。

A. httpd. conf   B. php. ini   C. my. ini   D. hosts

2. 关于 PHP，下列说法中错误的是( )。

A. 开发 PHP 网页所使用的脚本语言是 PHP

B. 网页中的 PHP 代码同 HTML 标记符一样，必须用分隔符"<"和">"将其括起来

C. PHP 网页运行时在客户端可查看到真实的 PHP 源代码

D. PHP 和 HTML 可混合编程

3. 使用如下代码提交表单，下列说法中正确的是( )。

```
<form method="post">
    <input type="text" name="aa" value="11">
    <input type="text" name="aa" value="22">
    <input type="submit">
</form>
```

A. 该表单将提交"aa=11"   B. 该表单将提交"aa=22"

C. 该表单将提交"aa[0]=11，aa[1]=22"   D. 该表单有误，未提交数据

4. 假设站点下有一个表单，URL 地址为"http://localhost/exam/test. html"，代码如下。

```
<form action="../register. php">
    <input type="submit">
</form>
```

下列说法中正确的是( )。

A. 该表单将提交给"http://localhost/exam/register. php"

B. 该表单将提交给"http://localhost/register. php"

C. 该表单不会提交，因为表单中没有 name 元素

D. 该表单不会提交，因为表单没有 method 属性

5. 下列可以用来获取上传文件信息的是( )。

A. $_FILES   B. $_GET   C. $_POST   D. $_REQUEST

6. 下列预定义常量中，可以用于获取 PHP 版本信息的是( )。

A. PHP_OS   B. PHP_PARSE   C. PHP_VERSION   D. PHP_ERROR

7. 若上传文件的名称为 userfile，则下列可以用于判断上传文件类型的是（　　　）。

A. $_FILES[' userfile'][' name']　　　　　　B. $_FILES[' userfile'][' type']

C. $_FILES[' userfile'][' tmp_name']　　　　D. $_FILES[' userfile'][' size']

8. 通过 $_POST[' test']接收表单时，会有提示信息"Notice：Undefined index：test"，下列对此说法正确的是（　　　）。

A. 说明 PHP 成功接收到表单　　　　　　B. 说明此时并没有表单提交

C. 说明 PHP 没有接收到 test 数据　　　　D. 说明 PHP 成功接收到 test 数据

9. 将 enctype 属性值设置为（　　　），可以实现文件上传。

A. application/x-www-form-urlencoded　　　B. multipart/form-data

C. text/plain　　　　　　　　　　　　　　D. 以上答案都不对

10. 读取以 POST 方式传递的表单元素值的方法是（　　　）。

A. $_post["名称"]　　　B. $_POST["名称"]　　C. $ post["名称"]　　D. $ POST["名称"]

二、多选题

1. 关于 PHP 上传文件要求的说法中正确的是（　　　）。

A. 表单的提交方式必须是 GET 方式

B. 表单的 enctype 属性必须设置为 multipart/form-data

C. 上传文件的信息保存到 $_FILES 数组中

D. $_FILES 数组是一个一维数组

2. $_FILES 预定义数组的二级下标有（　　　）。

A. tmp_name　　　　　　B. filetype　　　　　　C. size　　　　　　D. name

3. 下列表单元素中可以让用户进行文本输入的是（　　　）。

A. <select><option></option></select>　　　B. <input type=' password' >

C. <textarea></textarea>　　　　　　　　　D. <input type=' text' >

4. PHP 文件上传时，下列 form 表单属性中哪些不正确？（　　　）

A. enctype="multipart/form-data"　　　　　B. enctype="upload/form-data"

C. enctype="form-data/multipart"　　　　　D. enctype="form-data/upload"

5. 关于 PHP 中上传文件的说法中正确的有（　　　）。

A. 在"php.ini"配置文件中必须开启 file_uploads=On 功能

B. 在上传表单标签中，必须有 enctype="multipart/form-data"属性

C. 必须用 GET 方式进行上传

D. 以上说法都正确

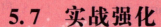

5.7 实战强化

阅读下列说明、参照效果（图 5-12），完成代码编写。

1. 说明

PHP 文件上传步骤如下。

（1）判断是否是上传文件。使用 is_uploaded_file($_FILES[' upfile'][' tmp_name'])函数判断文件是否上传。

（2）获取数组中的值。使用"print_r($_FILES["upfile"]);"获取上传文件信息数组，得到文件的名称、类型、大小、存放路径和系统返回值等信息。获取扩展名使用 array_pop()、explode()两个函数，使用 date()、rand()函数生成随机文件名。

（3）移动临时文件到指定位置。使用 move_uploaded_file()函数将上传文件移动到指定位置并重命名，代码为"move_uploaded_file($tmp_name, ' upload/' . $new_filename. ' . '. $name_ext);"。

2. 效果

实战强化效果如图 5-12 所示。

图 5-12 实战强化效果

项目 6

SQL 语句及数据库操作

6.1　项目描述

　　数据库技术是 PHP 程序开发中必不可少的技术。本项目主要介绍 SQL 语句基础和使用 PHP 对数据库进行操作的方法。

　　本项目学习要点如下。

　　(1)数据库基础。

　　(2)数据库连接。

　　(3)数据库基础命令。

　　(4)PHP 中数据库相关函数。

6.2　知识准备

6.2.1　数据库介绍

1. 数据库

数据库是一种用于存储和管理数据的软件系统。它是一个可以被多个应用程序共享的数据存储区域，可以通过各种方式对其中的数据进行访问和操作。

数据库管理系统（DBMS）是一种软件，用于管理数据库，它可以提供数据的安全性、完整性、可靠性和可操作性，保证数据的一致性和持久性。

2. 数据库的特点

（1）数据的持久性：数据库可以长期存储数据，不会因为系统关闭或出现故障而丢失数据。

（2）数据的共享性：数据库可以被多个应用程序或用户共享。

（3）数据的独立性：数据可以独立于应用程序存储和管理，应用程序可以随时访问和修改数据。

（4）数据的安全性：数据库可以提供数据的安全性保护，防止非授权访问和数据损坏。

（5）数据的一致性：数据库可以保证数据的一致性，即数据在任何时刻都处于合法的状态。

3. 数据库的类型

根据数据存储方式和处理方式的不同，数据库可以分为以下几种类型。

（1）层次型数据库（Hierarchical Database）：数据以树状结构组织，每个节点只有一个父节点，但可以有多个子节点。这种数据库的优点是存取速度快，但是数据关系复杂时不易维护。

（2）网状型数据库（Network Database）：数据以网状结构组织，每个节点可以有多个父节点和子节点。这种数据库的优点是能够处理复杂的数据关系，但是结构不规则，维护成本高。

（3）关系型数据库（Relational Database）：数据以表格形式存储，表格之间有关系。这种数据库的优点是数据结构清晰、易于维护和扩展，但是存储效率较低。

（4）非关系型数据库（NoSQL）：与关系型数据库相反，这种数据库不使用表格形式存储数据，而是以键值对、文档、图形等形式组织数据。这种数据库的优点是能够处理海量数据

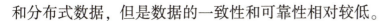

和分布式数据，但是数据的一致性和可靠性相对较低。

4. MySQL

MySQL 由瑞典 MySQL AB 公司开发，属于 Oracle 旗下产品。MySQL 在 Web 应用方面是最好的关系数据库管理系统(Relational Database Management System，RDBMS) 应用软件之一。

MySQL 是一个开源的 RDBMS，关联数据库将数据保存在不同的表中，增加了存取速度并提高了灵活性，常用于 Web 应用程序的后端数据存储，它支持多种操作系统和编程语言。

MySQL 数据库的特点如下。

(1)可靠性高：MySQL 使用多个独立的存储引擎，每个存储引擎都具有不同的特点，用户可以根据实际需求选择不同的存储引擎，提高了数据库的可靠性。

(2)性能高：MySQL 采用多种高效的优化技术，如查询缓存、索引优化、分区等，可以提高数据库的性能。

(3)可扩展性强：MySQL 支持集群、分布式等多种架构模式，可以根据用户的需求进行扩展，支持高并发、大数据量的存储和处理。

(4)安全性高：MySQL 支持多种认证方式，可以对数据库进行严密的保护，从而确保数据的安全性。

(5)开源免费：MySQL 是一款完全开源的数据库软件，无须任何授权费用，吸引了大量的用户和开发者使用和开发。

RDBMS 的专业术语如表 6-1 所示，数据表的专业术语如表 6-2 所示。

表 6-1　RDBMS 的专业术语

专业术语	解释说明
数据库	数据库是一些关联表的集合
数据表	表是数据的矩阵，数据库中的表看起来像简单的电子表格
列	列(数据元素)包含了相同类型的数据
行	行(或记录)是一组相关的数据
冗余	存储 2 倍数据，冗余降低了性能，但提高了数据的安全性
主键	主键是唯一的，一个数据表中只能包含一个主键，可以使用主键查询数据
外键	外键用于关联两个表
复合键	将多个列作为一个索引键，一般用于复合索引
索引	使用索引可快速访问数据库表中的特定信息，索引是对数据库表中一列或多列的值进行排序的一种结构

专业术语	解释说明
参照完整性	参照完整性要求关系中不允许引用不存在的实体，它与实体完整性均是关系模型必须满足的完整性约束条件，目的是保证数据的一致性

表 6-2　数据表的专业术语

专业术语	解释说明
表头(header)	每一列的名称
列(col)	具有相同数据类型的数据的集合
行(row)	每一行用来描述某条记录的具体信息
值(value)	行的具体信息，每个值必须与该列的数据类型相同
键(key)	键的值在当前列中具有唯一性

6.2.2　数据库的连接

数据库技术是 PHP 程序开发中必不可少的技术，连接数据库是要解决的第一个问题。常见的数据库连接方式有三种，分别为 PHP 脚本连接、命令连接、第三方软件连接。使用 PHP 脚本连接数据库为本项目的重点内容。

1. PHP 脚本连接

PHP 中使用 mysqli_connect()函数连接数据库。mysqli_connect()函数的语法格式如下。

```
mysqli_connect(' servername' ,' username' ,' password' ,' dbname' ,' port' ,' socket' );
```

1）参数说明

servername：主机名或 IP 地址。

username：数据库用户名。

password：数据库用户密码。

dbname：需要连接的数据库。

port：指定连接到服务器的端口号。

socket：指定使用的套接字或命名管道。

2）实例

```
mysqli_connect(' 127. 0. 0. 1' ,' root' ,' root' ,' test' )
```

2. 命令连接

命令连接指使用 Windows 操作系统命令或 Linux 操作系统命令连接数据库。

在 Windows 操作系统下连接数据库，命令示例如下。

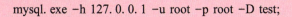

```
mysql. exe −h 127. 0. 0. 1 −u root −p root −D test;
```

该命令连接主机为 127. 0. 0. 1、用户名为 root、密码为 root、数据库名为 test 的数据库，其中参数解释如下。

（1）-h：指定主机名或 IP 地址。

（2）-u：指定数据库用户名。

（3）-p：指定数据库密码。

（4）-D：指定数据库名称。

phpStudy 中集成了 MySQL 数据库，在 Windows 操作系统下使用命令连接 MySQL 数据库时，需要使用命令提示符窗口。

Mysql数据
库的连接

注：在任意目录下打开命令提示符窗口，需要将 MySQL 启动目录配置到环境变量中，详情参考项目 1 的"任务拓展"。

按"Win+R"组合键打开命令运行框，输入"cmd"，单击"运行"按钮，可打开命令提示符窗口。

在命令提示符窗口输入"mysql. exe −h 127. 0. 0. 1 −uroot −proot"，按 Enter 键后可成功连接到本机 MySQL 数据库，如图 6−1 所示。MySQL 数据库密码可以在 phpStudy 面板中查询，进入"数据库"页面，移动鼠标到隐藏的密码上，即查看 MySQL 数据库的默认密码。

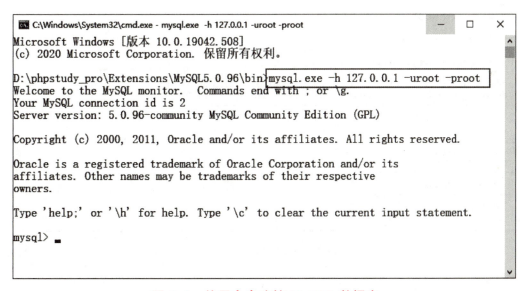

图 6−1　使用命令连接 MySQL 数据库

3. 第三方软件连接

为便于数据库管理及数据库操作，人们开发了许多第三方数据库连接工具，例如 phpStudy 集成环境中的 phpMyadmin 数据库插件，就可以通过 Web 端界面方式连接和管理数据库。类似的工具还有 Navicat Premium，SQL_Front 等。

6.2.3 MySQL 数据库基础命令

1. 查看命令

查看命令通常用于显示数据库相关信息，常见的查看命令如下。

```
help show;                          //查看 show 命令的帮助命令
show databases;                     //查看所有数据库
show tables;                        //查看所有数据表,查看前必须使用"use 数据库名;"来切换数据库,否则无法查看
use mysql;                          //使用 MySQL 数据库
show mysql;                         //查看 MySQL 数据库中的所有数据表
show grants for root@localhost;     //查看当前用户的权限
```

Mysql
基础命令

例 6-1: 查看命令的使用。使用 show 命令连接 MySQL 数据库，并观察运行结果。运行结果如图 6-2 所示。

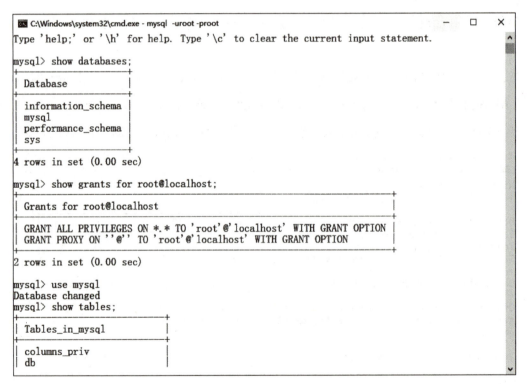

图 6-2 查看命令的使用

2. 创建命令

创建命令用于创建数据库、数据表和用户，常见的创建命令如下。

```
//查看 create 命令的帮助命令
help create;
//为本地数据库创建用户 test1,密码为 test1
create USER 'test1'@'localhost' IDENTIFIED BY 'test1';
//创建数据库命令(其中 newdb 为数据库名称)
create database newdb;
```

```
//使用数据库 newdb
use newdb;
//创建数据表 test1,且数据表中包含 name、age 两个属性,数据表的主键为 name
create table test1(name char(10) not null, age int(3) not null,primary key(name) );
```

例 6-2: 创建命令的使用。创建 newdb 数据库,在 newdb 数据库中创建数据表 user,其中数据表 user 中包含 name 与 age 两个属性。创建数据库及创建数据表的命令及运行结果如图 6-3 所示。

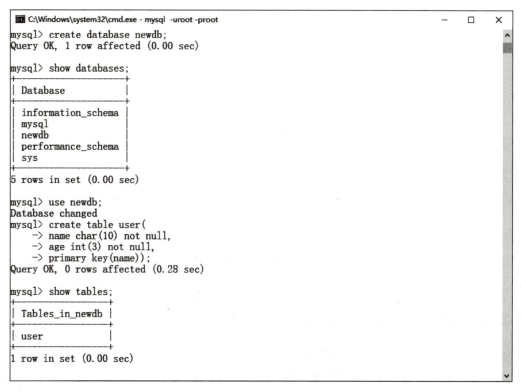

图 6-3　创建命令使用

3. 查询命令

查询命令主要用于查询数据库相关信息,最为常用的是查询数据表的具体内容,常用的查询命令如下。

```
help select;              //查看 select 命令的帮助命令
select version();         //查看数据库的版本
select user();            //查询数据库的使用者
select database();        //查询当前使用的数据库
select *  from test1;     //查询数据表 test1 中的所有数据
select name from test1;   //查询数据表 test1 中属性为 name 的数据
```

例 6-3: 查看命令的使用。在例 6-2 的基础上练习查看命令,并观察运行结果。运行结果如图 6-4 所示。

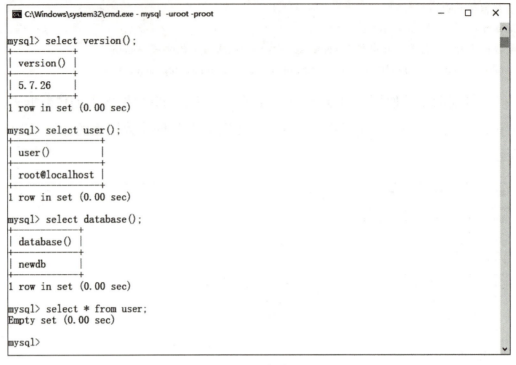

图 6-4　查看命令的使用

4. 插入命令

插入命令用于插入数据，通常向已经创建的数据表插入数据，插入数据时可以插入一条数据，也可同时插入多条数据，插入多条数据时不同数据间用 ","分隔。

向数据表中插入一条数据和多条数据的语句如下。

```
//向 test1 表中插入一条数据('XiaoMing',18)
insert into test1(name,age) value('XiaoMing',18);
//向 test1 表中插入多条数据(('XiaoAn',17),('XiaoJun',19))
insert into test1(name,age) value('XiaoAn',17),('XiaoJun',19);
```

例 6-4：插入命令的使用。在例 6-2 的基础上向 user 表中插入数据。插入数据的命令及运行结果如图 6-5 所示。

```
mysql> insert into user(name,age) value('XiaoMing',18);
Query OK, 1 row affected (0.00 sec)

mysql> insert into user(name,age) value('XiaoAn',17),('XiaoJun',19);
Query OK, 2 rows affected (0.00 sec)
Records: 2  Duplicates: 0  Warnings: 0

mysql> select * from user;
+----------+-----+
| name     | age |
+----------+-----+
| XiaoMing | 18  |
| XiaoAn   | 17  |
| XiaoJun  | 19  |
+----------+-----+
3 rows in set (0.00 sec)

mysql>
```

图 6-5　插入命令的使用

5. 修改数据命令

update 命令的作用是修改数据表中的数据，即更新数据表中的数据，修改数据表中一条数据的命令如下。

```
update user set age=20 where name='xiaoming';
```

例 6-5：修改数据命令的使用。在例 6-2 的基础上将 XiaoMing 的 age（年龄）修改为 20。修改 user 表中数据的命令及运行结果如图 6-6 所示。

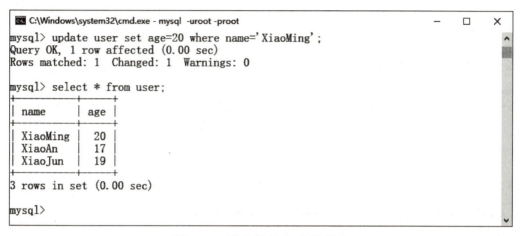

图 6-6　修改数据命令的使用

6. 条件查询命令

select 命令与查询命令相同，结合不同的查询需求，可以构造不同的语句。例如：

```
#1. 查询数据表中所有数据或部分属性
select *  from user;          //查询数据表中所有数据
select age from user;         //查询数据表中年龄属性
#2. 条件限制查询
select name from user where age<18;          //查询年龄小于 18 的学生姓名
select name from user where age in(17,20);    //查询年龄是 17、20 的学生姓名
#3. 去重查询
select distinct age from test1;          //对数据表中 age 相同的数据去重
#4. 排序查询
select *  from user order by age asc;     //对数据表中数据根据年龄进行升序排序
select *  from user order by age desc;    //对数据表中数据根据年龄进行降序排序
#5. 分组查询
//对数据表中数据以年龄分组
select age,group_concat(name)   from user group by age;
```

7. 向数据表添加新列命令

alter 命令用于向数据表添加新列，实质是在数据表中添加一条新的属性。向 test1 表中添加 grade 属性的语句如下。

```
//向 test1 表中添加 grade 属性,且该属性不允许为空
alter table test1 add grade int(10) not null;
```

例 6-6：alter 命令的使用。在例 6-5 的基础上在 user 表中新添加一列 grade。向 user 表中添加一列的命令及运行结果如图 6-7 所示。

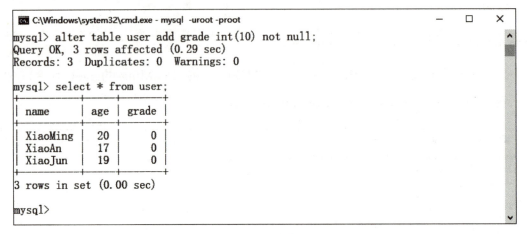

图 6-7　alter 命令的使用

8. 删除数据命令

delete 命令用于删除数据表中的数据，delete 命令示例如下。

delete from test1 where age=19;　//清除 test1 表中年龄为 19 的数据。
delete from test1;　　　　　　　　//清除 test1 表中所有数据。

例 6-7：delete 命令的使用。在例 6-6 的基础上将的 age（年龄）为 19 的用户信息删除。清除数据表中信息的命令及运行结果如图 6-8 所示。

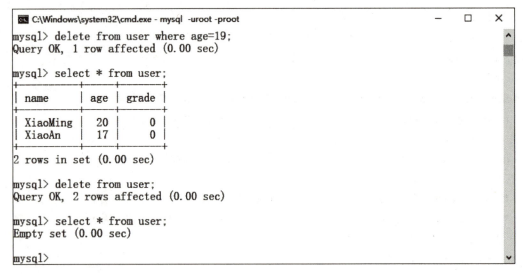

图 6-8　delete 命令的使用

9. 删除数据表/删除数据库命令

drop 命令的作用是删除数据表和删除数据库，drop 命令示例如下。

drop table user;　　　　//删除数据表 user
drop database newdb;　　//删除数据库 newdb

例 6-8：drop 命令的使用。在例 6-7 的基础上，使用 drop 命令，删除数据表 user 及数据库 newdb。删除数据表和数据库的命令及运行结果如图 6-9 所示。

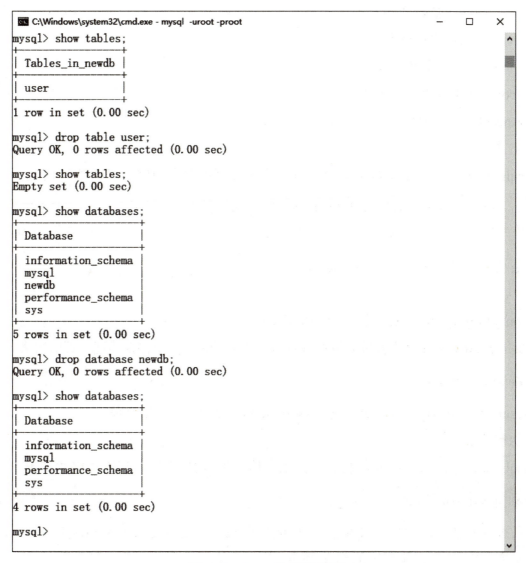

图 6-9　drop 命令的使用

6.2.4　PHP 中数据库相关函数

PHP 中定义了 1 000 多个函数，其中包含数据库相关函数。要通过 PHP 完成对数据库的操作，这些函数至关重要。

1. 连接数据库

mysqli_connect()函数主要实现对数据库的连接。

1）语法格式

```
mysqli_connect(' servername' ,' username' ,' password' ,' dbname' ,' port' ,' socket' );
```

若连接成功则返回对象类型，若连接失败则返回 false。

2）参数说明

（1）servername：数据库连接地址。

（2）username：数据库用户名。

（3）password：数据库密码。

（4）dbname：要连接的数据库名。

（5）port：连接数据库的端口。

（6）socket：指定应使用的套接字或命名管道。

2. 查看数据库连接错误原因

mysqli_connect_error()函数主要用于显示连接数据库错误原因，其语法格式如下。

```
$ con = mysqli_connect(' 127. 0. 0. 1' ,' root' ,' root' ,' phptest' );
if (! $ con)
{
    die("连接错误: " . mysqli_connect_error());
}
```

其中 $ con 为 mysql_connect 数据库返回的连接。

mysqli_error()函数的主要功能是返回最近调用函数的最后一个错误描述，其语法格式如下。

```
mysqli_error( $ result);
```

其中 $ result 为由 mysqli_connect() 或 mysqli_init() 返回的 mysqli 对象。

3. 执行 SQL 语句

mysqli_query()函数的主要功能是执行用户传入的 SQL 语句，其语法格式如下。

```
mysqli_query( $ link, $ sql);
```

如果执行成功返回对象，如果执行失败返回 false。其中 $ link 为 mysql_connect 数据库返回的连接，$ sql 为用户传入的 SQL 语句。

4. 获取返回数据

PHP 中执行 SQL 语句与命令连接的方式不同，执行后需要调用 mysqli_fetch_array()函数对 mysqli_query()函数的执行结果进行获取。mysqli_fetch_array()函数的语法格式如下。

```
mysqli_fetch_array( $ result,[result_type]);
```

函数的返回值是从结果集中取得一行作为关联数组或数字索引数组，或两者兼有。其中，$ result 为 mysql_query 返回的结果集（关联数组和数字索引数组）。result_type 显示结果所采用的数组如下：默认为 MYSQL_BOTH 返回关联数组和数字索引数组，MYSQL_ASSOC 返回为关联数组，MYSQL_NUM 返回数字索引数组。

6.3　项目实施

使用 PHP 及本项目知识点，完成下述数据库操作。

（1）创建数据库 phptest。

（2）使用 PHP 在数据库 phptest 中创建一个数据表 users，主要用于存储用户名和密码，其中有 3 个属性 id、username、password。

（3）使用 PHP 向数据表 user 中插入数据，分别存储用户名"root，root"和密码"admin，admin"。

（4）使用 PHP 查询数据表 users 中的第一条数据。

具体操作步骤如下。

Step01　打开 phpStudy 主页面，启动 Apache 及 MySQL 服务，如图 6-10 所示。

使用PHP
操作数据库

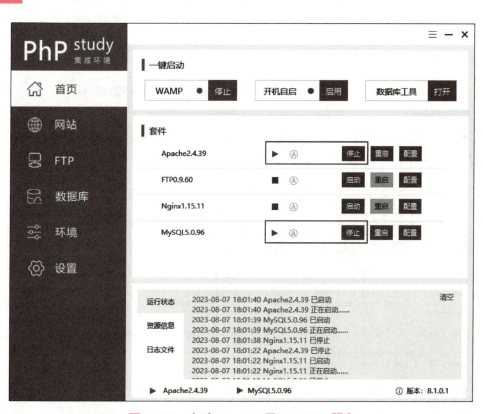

图 6-10　启动 Apache 及 MySQL 服务

Step02　在 phpStudy 界面中单击左侧"数据库"选项卡，获取数据库用户名及密码，将鼠标移至密码处时可查看密码原文。获取的用户名和密码为默认安装用户名和密码，如图 6-11 所示。

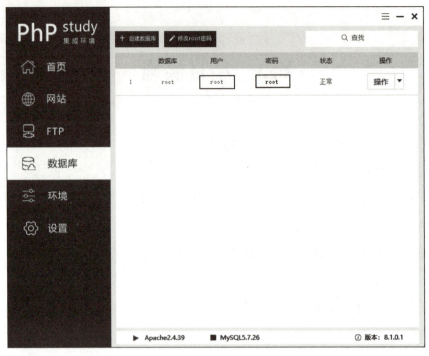

图 6-11 查看数据库用户名及密码

Step03 按"Win+R"组合键打开命令运行框，在命令运行框中输入"cmd"，按 Enter 键打开命令提示符窗口，在命令提示符窗口中输入如下命令。

```
mysql. exe -h 127. 0. 0. 1 -uroot -proot    //回车后可成功连接到本机 MySQL 数据库
create database phptest;                    //创建数据库
show databases;                             //查看数据数据库创建是否成功
```

命令运行结果如图 6-12 所示。

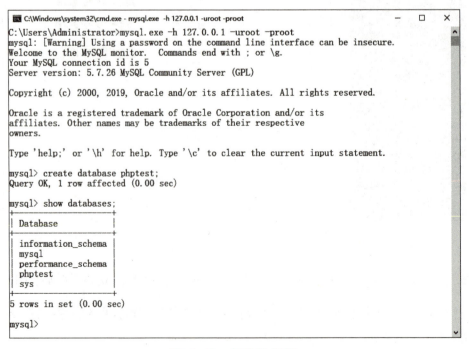

图 6-12 创建数据库

Step04　在网站目录"D:\phpstudy_pro\WWW\PHPWeb\project6\"下新建名为"例

6-1. php"的文件。

Step05　使用 Sublime Text 编辑器编辑"例 6-1. php"文件，代码如下。

```php
1. <? php
2.    $ con = mysqli_connect(' 127. 0. 0. 1',' root',' root',' phptest' );
3.   if(! $ con){
4.     exit(' 数据库连接失败 :'. mysqli_connect_error());
5.   }
6. ? >
```

第 2 行使用 mysqli_connect()函数连接 Step03 中创建的数据库 phptest。

第 3、4 行检查数据库连接是否成功。

Step06　保存文件，通过浏览器访问"例 6-1. php"文件，若浏览器无任何回显，表示

数据库连接成功，若浏览器显示"数据库连接失败"，则返回错误提示。

Step07　继续编辑"例 6-1. php"文件，创建自定义函数 createtable()，将创建数据表的

命令写入函数，代码如下。

```php
1. <? php
2.    $ con = mysqli_connect(' 127. 0. 0. 1',' root',' root',' phptest' );
3.   if(! $ con){
4.     exit(' 数据库连接失败 :'. mysqli_connect_error());
5.   }
6.   createtable();
7.   function createtable(){
8.     global $ con;
9.     $ sql = ' create table users( id tinyint unsigned auto_increment,username varchar(20) not null,password
varchar(32) not null,primary key(id));' ;
10.     $ res = mysqli_query( $ con, $ sql);
11.     if(! $ res){
12.       echo "创建表失败 :". mysqli_error( $ con);
13.     }
14.   }
15. ? >
```

第 6 行调用 createtable()函数，执行创建数据表操作。

第 7~14 行创建自定义函数 createtable()，函数的主体内容为第 8~13 行。

第 8 行定义全局变量 con，变量 con 为第 2 行 mysqli_connect 数据库返回的连接。

第 9 行中变量 sql 存储字符串型的 SQL 语句。

unsigned 定义 id 属性为无符号整型数据。

auto_increment 为自增属性，若用户在插入数据时不插入 id 的值，则 id 会自行增加 1。

username 属性定义数据类型为字符型，最大长度为 20，且不允许为空。

password 属性定义数据类型为字符型，最大长度为 32，且不允许为空。

第 10 行使用 mysqli_query() 函数执行 SQL 语句，返回查询结果集给变量 res。

第 11～13 行检查数据表是否创建成功，若不成功则提示相关错误信息。

Step08 保存文件，通过浏览器访问"例 6-1. php"文件，若浏览器无任何回显，则表示数据表 users 创建成功，若浏览器显示"创建表失败：Table ' users' already exists"，则表示数据表已经创建，无须重复操作。

Step09 通过命令连接数据库，验证数据表是否创建成功，运行结果如图 6-13 所示。

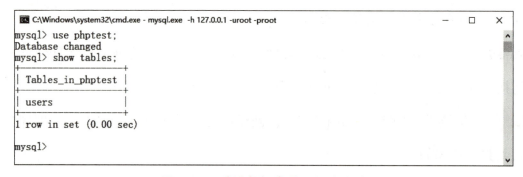

图 6-13　验证数据表是否创建成功

Step10 继续编辑"例 6-1. php"文件。数据表 users 已经创建成功，注释掉第 6 行中调用的 createtable() 函数，创建 insert() 函数，向数据表 users 插入数据，代码如下。

```php
1.  <? php
2.    $ con = mysqli_connect(' 127. 0. 0. 1','root','root','phptest' );
3.    if(! $ con){
4.      exit(' 数据库连接失败:'. mysqli_connect_error());
5.    }
6.    //createtable();
7.    insert();
8.    function createtable(){
9.      global  $ con;
10.      $ sql =' create table users( id tinyint unsigned auto_increment,username varchar(20) not null,password varchar(32) not null,primary key(id));' ;
11.      $ res = mysqli_query( $ con, $ sql);
12.      if(! $ res){
13.        echo "创建表失败:". mysqli_error( $ con);
14.      }
15.    }
16.    function insert(){
```

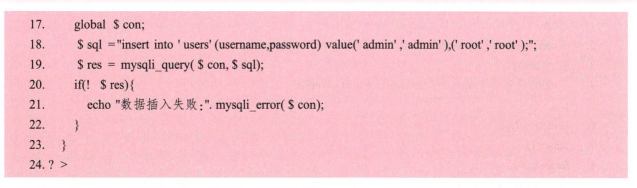

```
17.    global $ con;
18.     $ sql ="insert into ' users' (username,password) value(' admin' ,' admin' ),(' root' ,' root' );";
19.     $ res = mysqli_query( $ con, $ sql);
20.    if(! $ res){
21.      echo "数据插入失败:". mysqli_error( $ con);
22.    }
23.   }
24. ? >
```

第 7 行调用 insert()函数,执行插入数据操作。

第 16~23 行创建自定义函数 insert(),函数的主体内容为第 17~21 行。

第 17 行定义全局变量 con,变量 con 为第 2 行 mysql_connect 数据库返回的连接。

第 18 行中变量 sql 存储字符串型的 SQL 语句,向数据表 users 中的两个字段添加了两条记录。

第 19 行使用 mysqli_query()函数执行 SQL 语句,返回查询结果集给变量 res。

第 20~22 行检查数据表是否创建成功,若不成功则提示相关错误信息。

Step11　保存文件,通过浏览器访问"例 6-1.php"文件,若浏览器无任何回显,则表示向数据表 users 插入数据成功,若浏览器界面显示"数据插入失败:",则返回错误提示。

注:若浏览器不报错,则访问一次"例 6-1.php"文件即可,多次访问会多次执行代码,数据也会多次插入。

Step12　通过命令连接数据库,验证数据表中数据是否插入成功,运行结果如图 6-14 所示。

```
use phptest;
select *  from phptest;
```

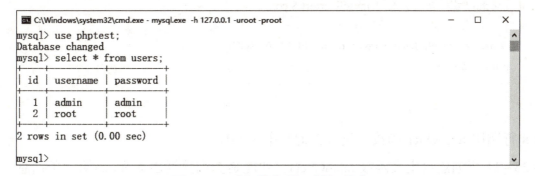

图 6-14　验证数据是否插入成功

Step13　继续编辑"例 6-1.php"文件。数据插入操作已完成,注释掉第 7 行中调用的 insert()函数,创建 fetchOne()函数,查询数据表 users 的第一条信息,代码如下。

```php
1. <? php
2.   $ con = mysqli_connect(' 127. 0. 0. 1',' root',' root',' phptest' );
3.   if(! $ con){
4.     exit(' 数据库连接失败:'. mysqli_connect_error());
5.   }
6.   //createtable();
7.   //insert();
8.   fetchOne();
9.   function createtable(){
10.     global $ con;
11.      $ sql =' create table users( id tinyint unsigned auto_increment,username varchar(20) not null,password varchar(32) not null,primary key(id));' ;
12.      $ res = mysqli_query( $ con, $ sql);
13.      if(! $ res){
14.        echo "创建表失败:". mysqli_error( $ con);
15.      }
16.   }
17.   function insert(){
18.     global $ con;
19.      $ sql ="insert into ' users' (username,password) value(' admin' ,' admin' ),(' root' ,' root' );";
20.      $ res = mysqli_query( $ con, $ sql);
21.      if(! $ res){
22.        echo "数据插入失败:". mysqli_error( $ con);
23.      }
24.   }
25.   function fetchOne(){
26.     global $ con;
27.      $ sql =' select *  from users;' ;
28.      $ res = mysqli_query( $ con, $ sql);
29.      if(! $ res){
30.        echo "数据查询失败:". mysqli_error( $ con);
31.      }
32.      $ row = mysqli_fetch_array( $ res,MYSQLI_ASSOC);
33.      print_r( $ row);
34.   }
35. ? >
```

第 8 行调用 fetchOne()函数，执行查询数据表操作。

第 25~34 行创建自定义函数 fetchOne()，功能是查询数据表 users 的第一条信息。

第 32 行使用 mysqli_fetch_array()函数，返回 MYSQLI_ASSOC(关联数组)，mysqli_fetch_array()函数本身默认只查询一条数据。

第 33 行打印输出数组的内容。

Step14 保存文件，通过浏览器访问"例 6-1. php"文件，浏览器会以数组的形式显示数据表 users 的第一条信息，结果如图 6-15 所示。

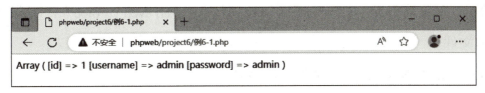

Array ([id] => 1 [username] => admin [password] => admin)

图 6-15　查询第一条信息

6.4　项目拓展

通过"项目实施"，读者已经基本掌握 PHP 操作数据库相关知识。请结合本项目知识点与项目 7 前端表单基础知识，进行用户登录及用户登录判断。判断用户登录是否成功需要与数据库中的用户名、密码对比。

用户登录
功能实现

具体操作步骤如下。

Step01　需求分析。

需要一个 HTML 文件"例 6-2. html"作为用户登录表单，由"例 6-2. php"后端文件处理前端传入的参数与数据库中内容进行对比，数据库采用"项目实施"中已经创建好的数据库。

Step02　在网站目录"D:\phpstudy_pro\WWW\PHPWeb\project6\"下新建名为"例 6-2. html"的文件。

Step03　编辑"例 6-2. html"文件，代码如下。

```
1. <! DOCTYPE html>
2. <html>
3. <head>
4.     <meta charset="UTF-8">
5.     <title>欢迎登录</title>
6. </head>
7. <body>
8. <form action=' 例 6-2. php' method=' post' >
9.     <input type="test" name=' username' placeholder="用户名"><br>
10.    <input type="password" name=' password' placeholder="密码"><br>
11.    <input type="submit" name="sumbit" value="登录">
12. </form>
13. </body>
14. </html>
```

第 8~12 行在 form 表单中完成用户登录功能，用户输入用户名和密码后，单击"登录"

129

按钮，将用户输入信息通过 POST 方式提交至"例 6-2. php"文件进行处理。

Step04　在网站目录"D:\phpstudy_pro\WWW\PHPWeb\project6\"下新建名为"例 6-2. php"的文件。

Step05　编辑"例 6-2. php"文件，代码如下。

```
1. <? php
2.    $ u =isset( $_POST[' username' ])?  $_POST[' username' ]:null;
3.    $ p =isset( $_POST[' password' ])?  $_POST[' password' ]:null;
```

第 2、3 行使用三目运算符对用户从前端传入的用户名和密码进行第一次处理，主要检测用户名和密码是否为空。

其中 $_POST 为 PHP 预定义变量，数据类型为一维关联数组，关联数组的键值为"例 6-2. html"文件的第 9、10 行中"name=' username'，name=' password' "的值，关联数组的元素值为用户在 HTML 页面输入的用户名和密码。

Step06　继续编辑"例 6-2. php"文件，创建 checklogin_sql($ a， $ b)函数，代码如下。

```
function checklogin_sql( $ a, $ b){
  $ con = mysqli_connect(' 127. 0. 0. 1' ,' root' ,' root' ,' phptest' );
  if(!  $ con){
    exit(' 数据库连接失败:' . mysqli_connect_error( $ con));
  }
  $ sql = "select *  from users where username=' { $ a}'  and password =' { $ b}' ";
  $ row = mysqli_query( $ con, $ sql);
  $ res = mysqli_fetch_array( $ row);
  if( $ res){
    return true;
  }else{
    return false;
  }
}
```

checklogin_sql($ a， $ b)函数的主要功能是检测 $ a 与 $ b 是否在数据库中，若查询语句执行成功则返回 ture，若查询语句执行失败则返回 false。

Step07　继续编辑"例 6-2. php"文件，判断用户名和密码是否正确，代码如下。

```
1. <? php
2.    $ u =isset( $_POST[' username' ])?  $_POST[' username' ]:null;
3.    $ p =isset( $_POST[' password' ])?  $_POST[' password' ]:null;
4.    if( $ u == null ||  $ p == null){
5.      echo ' 用户名或密码为空' ;
6.    }elseif(checklogin_sql( $ u, $ p)){
7.      echo ' 登录成功' ;
```

```
8.    }else{
9.      echo'用户名或密码错误';
10.    }
11.    function checklogin_sql( $ a, $ b){
12.      $ con = mysqli_connect(' 127. 0. 0. 1' ,' root' ,' root' ,' phptest' );
13.      if(!  $ con){
14.        exit(' 数据库连接失败 :' . mysqli_connect_error( $ con));
15.      }
16.      $ sql ="select *  from users where username =' { $ a}'  and password =' { $ b}' ";
17.      $ row = mysqli_query( $ con, $ sql);
18.      $ res = mysqli_fetch_array( $ row);
19.      if( $ res){
20.        return true;
21.      }else{
22.        return false;
23.      }
24.    }
25. ? >
```

第4~10行为判断用户登录的主体代码。

第4~6行使用 if 语句判断用户输入的用户名和密码是否为空。

第6~8行使用 elseif 语句判断用户名和密码是否正确。elseif 语句的条件判断调用 checklogin_sql()函数。

第9行中如果登录失败，则输出"用户名或密码错误"。

Step08　功能验证。通过浏览器访问"例 6-2. html"文件，输入错误的用户名或密码，如图 6-16 所示，单击"登录"按钮跳转至"例 6-2. php"文件，输出"用户名或密码错误"，如图 6-17 所示。

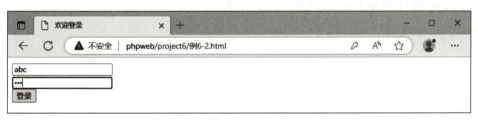

图 6-16　用户登录界面

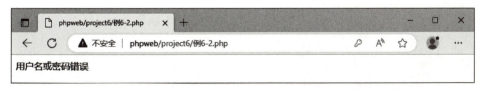

图 6-17　后端处理页面显示

Step09 功能验证。通过浏览器访问"例 6-2. html"文件，若用户名或密码中任意一个未输入值，单击"登录"按钮，则输出"用户名或密码为空"，如图 6-18 所示。

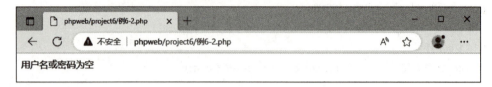

图 6-18　用户名或密码为空

Step10 功能验证。通过浏览器访问"例 6-2. html"文件，用户名或密码输入"admin:admin"或"root:root"，单击"登录"按钮，输出"登录成功"，如图 6-18 所示。

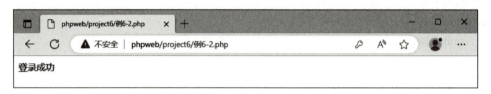

图 6-19　登录成功

6.5　项目小结

通过本项目的学习，读者能描述数据库的知识和 MySQL 数据库的特点；能熟练地连接 MySQL 数据库；学会灵活运用数据库基础命令；能熟练地创建数据库、数据表并插入内容，查询内容。通过"项目实施"和"项目拓展"的学习，读者应掌握前端传入的参数与数据库中内容进行对比的应用和登录页面处理的方法步骤。

本项目知识小结如图 6-20 所示。

图 6-20　项目 6 知识小结

6.6　知识巩固

一、单选题

1. 下列哪个函数返回上一次数据库连接错误的描述？（　　　　）

A. mysqli_error()

B. mysqli_errno()

C. mysqli_connect_error()　　　　　　　D. mysqli_connect_errno()

2. 在 SQL 语句中，可以进行排序的语句是(　　)。

A. order by　　　　　　B. limit　　　　　　C. where　　　　　　D. group by

3. 以下 SQL 语句正确的是(　　)。

A. insert into users ('p001', '张三', '男');

B. create table (Code int primary key);

C. update users Code='p002' where Code='p001';

D. select Code as '代号' from users;

4. 把员工数据表中所有项目部员工的工资调整为 3 000 元的语句是(　　)。

A. update 员工数据表 set 工资=3000 where 所属部门='项目部'

B. select 员工数据表 set 工资=3 000 where 所属部门='项目部'

C. update 员工数据表 where 所属部门='项目部' =工资=3 000

D. select 员工数据表 where 所属部门='项目部' =工资=3 000

5. SQL 语句"drop database wsts"的含义为(　　)。

A. 删除数据库 wsts，但是可以恢复　　　　B. 删除数据库 wsts，不可以恢复

C. 创建一个名为 wsts 的数据表　　　　　D. 删除一个名为 wsts 的数据表

6. 下列语句的执行结果为(　　)。

```
use sales
insert customers values ('jerry' ,'84312' ,'322343242')
```

A. 给数据库 sales 添加一个名为 customers 的数据表

B. 向数据库 sales 中的所有数据表添加一条记录

C. 删除数据库 sales 中名为 customers 的数据表

D. 向数据库 sales 中的数据表 customers 添加一条记录

7. 查看年龄为 20 岁的所有人的记录的 SQL 语句为(　　)。

A. select*from customers where age=20

B. drop from customers where age=20

C. select from customers where age=20

D. delete from customers where custid=5

8. 数据表中(　　)是唯一的。

A. 索引　　　　　　B. 外键　　　　　　C. 主键　　　　　　D. 复合键

9. 将学生表 student 中的学生年龄 age 字段的值增加 1，应该使用的 SQL 命令是(　　)。

A. update set age with age+1　　　　　　B. replace age with age+1

C. update student set age=age+1　　　　　D. update student age with age+1

10. 进行 SQL 查询时，使用 where 子句指出的是(　　　)。

A. 查询目标　　　　B. 查询条件　　　　C. 查询视图　　　　D. 查询结果

二、多选题

1. 关于 mysqli_connect($ a1, $ a2, $ a3, $ a4)的 4 个参数所代表含义的说法中错误的是(　　　)。

A. $ a1 代表 MySQL 服务器地址　　　　B. $ a2 代表端口号

C. $ a3 代表用户名　　　　D. $ a4 代表密码

2. 以下关于 MySQL 数据库操作的说法中正确的是(　　　)。

A. mysqli_connect()函数可连接数据 MySQL 服务器

B. mysqli_query()函数只可以进行"增、删、查、改"操作

C. PDO 提供了 exec()函数、query()函数和预处理语句 3 种执行 SQL 语句的方法

D. mysqli_close()函数可关闭与 MySQL 服务器的连接

3. 使用如下 SQL 语句创建了一个 SC 表。

```
caeate table sc(S# char (6) not null,C#char (3) not null,score integer,note char(20))
```

向 SC 表插入如下数据时，哪些数据可以被成功插入？(　　　)

A. ('201009'，'111'，60，'必修')　　　　B. ('200823'，'101'，null，null)

C. (null，'103'，80，'选修')　　　　D. ('201132'，null，86，'101')

4. MySQL 数据库的连接方式有(　　　)。

A. PHP 脚本连接　　　B. 命令连接　　　C. 文件连接　　　　D. 第三方软件连接

5. MySQL 数据库的查看命令可以查看(　　　)。

A. 帮助命令　　　　B. 数据库的版本信息

C. 数据库的使用者　　　　D. 当前使用的数据库

三、判断题

1. 可以在 HTML 中混合编写 PHP 代码。　　　　(　　　)

2. 可以在 PHP 中使用 MySQL 数据库。　　　　(　　　)

3. MySQL 是一个非关系型数据库管理系统。　　　　(　　　)

4. MySQL 数据库中查询数据用 select 语句。　　　　(　　　)

5. 数据表中的行即数据元素，其包含相同类型的数据。　　　　(　　　)

6.7　实战强化

在数据库 phptest 中添加数据表 students，使用 mysql 命令行执行导入 SQL 文件命令来添

加数据表。提供的"students. sql"文件位于"D:\phpstudy_pro\WWW\PHPWEB\project6"文件夹中，请按照图 6-21 所示的方法完成数据表的导入，根据图 6-22 所示效果，完成"例 6-3. php"文件的编写。

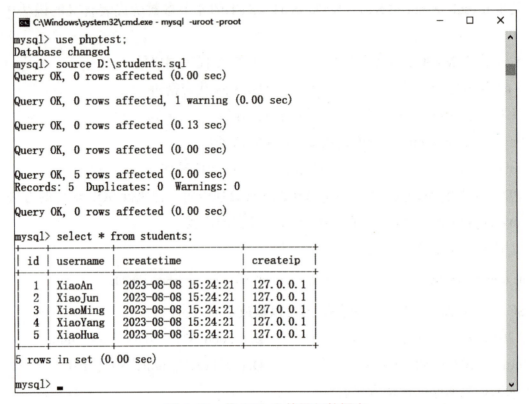

图 6-21　将 SQL 文件导入数据库

XiaoHua	2023-08-08 15:24:21	127.0.0.1	编辑用户	删除用户
XiaoYang	2023-08-08 15:24:21	127.0.0.1	编辑用户	删除用户
XiaoMing	2023-08-08 15:24:21	127.0.0.1	编辑用户	删除用户
XiaoJun	2023-08-08 15:24:21	127.0.0.1	编辑用户	删除用户
XiaoAn	2023-08-08 15:24:21	127.0.0.1	编辑用户	删除用户

图 6-22　数据表内容列表显示效果

项目 7

验证码功能实现

7.1 项目描述

项目6介绍了 SQL 语句基础及数据库操作。本项目介绍使用 PHP 实现验证码功能的方法。

本项目学习要点如下。

(1)RGB 三原色。

(2)计算机中的字体。

(3)PHP 图片处理相关函数。

(4)PHP 数据处理相关函数。

7.2 知识准备

7.2.1 RGB 三原色

在 RGB 色彩模式下，基本颜色有三种，分别是红色、绿色和蓝色，简称 RGB 三原色。这三种颜色可以组合出其他所有颜色，它们是图像处理和显示领域最基本的配色方式。

通过混合 RGB 三原色可以得到其他颜色。例如，红色和绿色混合可以得到黄色，红色和蓝色混合可以得到洋红色，绿色和蓝色混合可以得到青色。RGB 三原色同时相加为白色，白色属于无色系(黑白灰)中的一种。

RGB 分别表示红(Red)、绿(Green)、蓝(Blue)。RGB 三原色取值范围都是 0~255(十六进制为 00~FF)。

7.2.2 计算机中的字体

计算机自带各类不同的字体，在不同的操作系统、不同的浏览器中默认显示的字体是不同的，并且相同字体在不同操作系统中渲染的效果也不尽相同。在编辑文档时，通常会选用某些指定的字体以保证文档美观和满足格式要求。在 Windows 操作系统中，计算机中已经安装的字体均在"C:\Windows\Fonts"目录下，如图 7-1 所示。

图 7-1　Windows 操作系统中的字体

7.2.3　PHP 图片处理相关函数

1. imagecreatetruecolor( ) 函数

1）功能

该函数的主要功能是创建一个真彩色图像。

2）语法格式

imagecreatetruecolor($ width, $ height)

3）参数说明

$ width 表示图像宽度，$ height 表示图像高度。

4）注释

该函数能否正常使用取决于 PHP 和 GD 库的版本。GD 库是一个开源的图形库，它能够动态地生成图像，包括使用多种格式保存的图像。GD 库支持 JPG、PNG、GIF 等多个格式。通过使用 GD 库，可以在 PHP 中创建复杂的图像、添加各种文本和效果，例如阴影、倾斜等。

从 PHP 4.0.6 到 4.1.x，只要加载了 GD 模块，该函数就一直存在，但是在没有安装 GD2 的情况下调用时，PHP 将产生致命错误并退出。在 PHP 4.2.x 中此行为改为发出警告而不是产生错误。其他 PHP 版本只在安装了正确的 GD 库版本时才定义该函数。在 PHP 7 版本中定义了 GD 模块，且是未被注释的，因此 imagecreatetruecolor()函数可以正常使用。

2. imagecolorallocate( ) 函数

1）功能

该函数的主要功能是为一幅图像分配颜色。

2）语法格式

imagecolorallocate($ image, $ red, $ green, $ blue)

3）参数说明

$ image 表示需要分配颜色的图像，$ red、$ green、$ blue 分别代表 RGB 三原色。

4）注释

imagecolorallocate()函数返回一个标识符，代表了由给定的 RGB 成分组成的颜色。red、green 和 blue 分别是所需要颜色的红、绿、蓝成分，取值范围是 0~255 的整数或者十六进制的 0x00~0xFF。

3. imagefilledrectangle( ) 函数

1）功能

该函数的主要功能是绘制一个矩形并填充颜色。

2）语法格式

imagefilledrectangle($ image, $ x1, $ y1, $ x2, $ y2, $ color)

3）参数说明

在 image 图像中画一个用 color 颜色填充的矩形，矩形左上角坐标为（ $ x1， $ y1），右下角坐标为（ $ x2， $ y2），图像的左上角是(0，0)。

4. imagejpeg( ) 函数

1）功能

该函数是 PHP 图像处理中的一个重要函数，用于将图像保存为 JPEG 格式文件。

2）语法格式

imagejpeg ($ image [, $ filename [, $ quality]])

3）参数说明

（1） $ image 是图像资源。

（2） $ filename 是保存的文件名，为可选项。

（3） $ quality 是保存质量，取值范围为 0~100，默认为 75，为可选项。

5. header( ) 函数

该函数的主要功能是向客户端发送 HTTP 头信息，常用于设置编码、设置发送 HTTP 状态值以及重定向。例如：

```
header("Content-type: text/html; charset=utf-8");    //设置 UTF8 编码
header("HTTP/1. 0 404 Not Found");    //设置发送 404 状态
header(' Location: http://www. phpthinking. com、');    //重定向
```

在进行图片处理时，该函数通常用于设置 content-type 字段。

```
header(' Content-Type:image/jpeg')    //将需要显示的内容以图片的形式进行显示
```

6. imagettftext( ) 函数

1）功能

该函数的主要功能是用 TrueType 字体向图像写入文本内容。

2）语法格式

imagettftext($ image, $ size, $ angle, $ x, $ y, $ color, $ fontfile, $ text)

3）参数说明

（1） $ image：指定要处理的图像。

（2） $ size：指定要使用的字符大小，以磅为单位。

（3） $ angle：以度为单位指定角度，0 度为从左向右读的文本，更大的数值表示逆时针旋转。例如，90 度表示从下向上读的文本。

（4）x：指定 x 坐标。

（5）y：指定 y 坐标。

由（x，y）所表示的坐标定义了第一个字符的基本点（大概是字符的左下角）。

（6）$color$：指定文本所需颜色的索引值。使用负的颜色索引值具有关闭防锯齿的效果，需要结合 imagecolorallocate()函数使用。

（7）$fontfile$：指定要使用的字体文件，通常将字体文件放在网站同目录下，以避免网站迁移导致字体路径报错。

（8）$text$：指定要写入的文本。

7.2.4　PHP 数据处理相关函数

1. range( )函数

1）功能

该函数的主要功能是根据范围创建数组，包含指定的元素。

2）语法格式

```
range(string|int|float $start, string|int|float $end, int|float $step = 1)
```

3）参数说明

（1）$start$：初始数值，可以定义 string、int、float 三种数据类型。

（2）end：结束数值或最大数值，可以定义 string、int、float 三种数据类型。

（3）$step$：步长，即每次增加的数值，默认步长为 1，可以定义 int、float 两种数据类型。

例 7-1：range()函数的使用。新建“例 7-1. php”文件，代码如下（实例位置：资源包\实验源码\project7\例 7-1. php）。

处理数据的
相关函数

```php
1. <? php
2.    $arr=range(0,100,10);
3.    print_r( $arr);
4. ? >
```

保存文件，通过浏览器访问“例 7-1. php”文件，运行结果如图 7-2 所示。

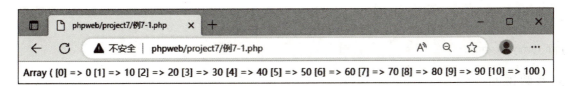

图 7-2　range( )函数的使用

2. array_merge( )函数

1）功能

该函数的主要功能是合并一个或多个数组，即将一个或多个数组的单元合并，一个数组中的值附加在前一个数组的后面，返回作为结果的数组。

2）语法格式

```
array_merge( $ array1 [, $ array2 [,… ]] )
```

3）注释

如果输入的数组中有相同的字符串键名，则该键名后面的值将覆盖前一个值。如果数组包含数字键名，则后面的值将不会覆盖原来的值，而是附加在后面。

如果输入的数组存在以数字作为索引的内容，则这项内容的键名会以连续方式重新索引。

例 7-2：array_merge()函数的使用。新建"例 7-2.php"文件，代码如下（实例位置：资源包\实验源码\project7\例 7-2.php）。

```php
1. <? php
2.    $ arr1 = array(1,3,5);
3.    $ arr2 = array(2,4,6);
4.    $ arr3 = array_merge( $ arr1, $ arr2);
5.    print_r( $ arr3);
6. ? >
```

保存文件，通过浏览器访问"例 7-2.php"文件，运行结果如图 7-3 所示。

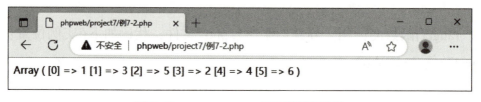

图 7-3　array_merge( )函数的使用

3. join( )函数

1）功能

该函数的主要功能是用字符串连接数组元素，返回值为 string 类型。

2）语法格式

```
join (array $ array)
```

3）参数说明

$ array 是要结合为字符串的数组。

例 7-3：join()函数的使用。新建"例 7-3.php"文件，代码如下（实例位置：资源包\实验源码\project7\例 7-3.php）。

```
1. <? php
2.     $ arr = array(1,3,5);
3.     $ str = join( $ arr);
4.     var_dump( $ str);
5. ? >
```

保存文件，通过浏览器访问"例 7-3. php"文件，运行结果为"string(3) "135""。

4. str_shuffle( ) 函数

1）功能

该函数的主要功能是使用任何一种可能的排序方案打乱一个字符串。

2）语法格式

```
str_shuffle(string $ string)
```

3）参数说明

 $ string 为需要打乱顺序的字符串。

例 7-4： str_shuffle()函数的使用。新建"例 7-4. php"文件，代码如下（实例位置：资源包\实验源码\project7\例 7-4. php）。

```
1. <? php
2.     $ str1 = ' 123abc' ;
3.     $ str2 = str_shuffle( $ str1);
4.     var_dump( $ str2);
5. ? >
```

保存文件，通过浏览器访问"例 7-4. php"文件，运行结果为"string(6) "ab3c21""。每次刷新浏览器都会随机打乱字符串，每次刷新后的结果均不同。

5. substr( ) 函数

1）功能

该函数的主要功能是返回字符串的子串。

2）语法格式

```
substr(string $ string, int $ start, ? int $ length = null)
```

3）参数说明

（1） $ string：指定需要截取的字符串对象。

（2） $ start：指定开始截取字符串的位置，为必写参数，参数值是整数类型，也可以是负数，如果是负数则表示从字符串的末尾开始截取。

（3） $ length：可选参数，指定截取的字符串字符数，参数值是整数类型，也可以是负数，如果是负数则表示截取到倒数第 length 的绝对值字符之前。

4)注释

返回值是截取的字符串的字符，返回的数据类型是字符串型数据，在截取失败时返回 false。

例 7-5：substr()函数的使用。新建"例 7-5. php"文件，代码如下(实例位置：资源包\实验源码\project7\例 7-5. php)。

```php
1. <? php
2.    $ str1 =' 12345abcde' ;
3.    $ str2=substr( $ str1,3,5);//在 $ str 中从下标 3 开始取 5 位生成一个新的字符串。
4.    echo  $ str2;
5. ? >
```

保存文件，通过浏览器访问"例 7-5. php"文件，运行结果为"45abc"。

7.3 项目实施

使用本项目"知识准备"的知识点生成随机验证码。网站验证码通常包含 4 个字符，可以为大小写字母和数字。具体要求如下。

(1)验证码形状为矩形，且底色为白色。

(2)验证码需要包含 4 个字符，字符范围为大小写字母和数字。

(3)验证码中字符颜色随机，字符大小在一定范围内随机，字符倾斜角度在一定范围内随机。

(4)验证码中随机生成 4 条横线，位置、颜色、大小均随机，以提高验证码强度。

具体操作步骤如下。

验证码的
制作

Step01   打开已安装的 phpStudy 软件，在面板"首页"页面 Apache2. 4. 39 的右侧单击"启动"按钮，启动 Apache 服务。

Step02   在网站目录"D:\phpstudy_pro\WWW\PHPWeb\project7\"下新建名为"例 7-6. php"的文件。

Step03   编辑"例 7-6. php"文件，生成白色验证码底框，代码如下。

```php
1. <? php
2.    $ img  =  imagecreatetruecolor(110, 40);
3.    $ white  =  imagecolorallocate( $ img,255,255,255);
4.    imagefilledrectangle( $ img,0,0,110,40, $ white);
5.    header(' Content-Type:image/jpeg' );
6.    imagejpeg( $ img);
7. ? >
```

第2行使用 imagecreatetruecolor()函数创建一个矩形图像。

第3行使用 imagecolorallocate()函数为图像分配白色。

第4行使用 imagefilledrectangle()函数将白色填充到创建的矩形图像中。

第5行使用 header()函数将文件的 MIME 类型修改为图片类型。

第6行使用 imagejpeg()函数直接将图像内容在浏览器中显示。

Step04 保存文件，通过浏览器访问"例 7-6. php"文件，运行结果如图 7-4 所示。

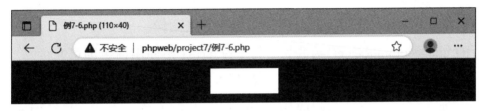

图 7-4 生成白色验证码底框

Step05 复制字体文件至网站目录下。在字体文件夹"C:\Windows\Fonts"中任意选择一款合适字体(实例使用"comicbd. ttf"字体文件)，将字体文件复制至网站目录"D:\phpstudy_pro\WWW\PHPWeb\project7\"下。

Step06 继续编辑"例 7-6. php"文件，生成验证码内容，代码如下。

```php
1. <? php
2.    function randomText( $ length = 4){
3.        $ text = join(array_merge(range(' a' , ' z' ),range(' A' , ' Z' ),range(0, 9)));
4.        $ text = str_shuffle( $ text);
5.        $ text = substr( $ text,0, $ length);
6.      return  $ text;
7.    }
8.    $ img = imagecreatetruecolor(110, 40);
9.    $ white = imagecolorallocate( $ img,255,255,255);
10.   imagefilledrectangle( $ img,0,0,110,40, $ white);
11.   $ dir = dirname(_FILE_);
12.   $ text = randomText();
13.   $ i = 0;
14.   while( $ i < strlen( $ text)){
15.     $ color =imagecolorallocate( $ img,100,200,200);
16.     imagettftext( $ img,23, 0, 10+ $ i* 25, 30, $ color, $ dir. ' /' . ' comicbd. ttf' , $ text[ $ i]);
17.     $ i++;
18.   }
19.   header(' Content-Type:image/jpeg' );
20.   imagejpeg( $ img);
21. ? >
```

第2~7行定义了生成4位随机数的函数 randomText($ length = 4)，参数" $ length = 4"

代表取 4 个字符长度。

第 3 行的 range() 函数自动生成 3 个一维数组，分别为小写字母 a~z、大写字母 A~Z 和数字 0~9。array_merge() 函数将自动生成的数组连接起来。join() 函数将数组转换为字符串。

第 4 行的 str_shuffle() 函数打乱字符串。

第 5 行的 substr() 函数截取字符串中前 4 个字符。

第 6 行将生成的 4 位字符串作为返回值返回。

第 12 行调用 randomText() 函数取出随机生成的 4 位数验证码。

第 14~18 行通过 while 语句将验证码内容逐个写入图像。

第 15 行的 imagecolorallocate() 函数为字体分配颜色（不使用白色即可）。

第 16 行使用 imagettftext() 函数逐个将字符写入图像，字符间距设置为 10。

Step07 保存文件，通过浏览器访问"例 7-6. php"文件，运行结果如图 7-5 所示。

图 7-5　生成验证码内容

Step08 继续编辑"例 7-6. php"文件，对验证码复杂度进行调整，代码如下。

```php
1. <? php
2.    function randomText( $ length = 4){
3.        $ text = join(array_merge(range(' a' , ' z' ),range(' A' , ' Z' ),range(0, 9)));
4.        $ text = str_shuffle( $ text);
5.        $ text = substr( $ text,0, $ length);
6.        return $ text;
7.    }
8.    $ img = imagecreatetruecolor(110, 40);
9.    $ white = imagecolorallocate( $ img,255,255,255);
10.   imagefilledrectangle( $ img,0,0,110,40, $ white);
11.   $ dir = dirname(_FILE_);
12.   $ text = randomText();
13.   $ i = 0;
14.   while( $ i < strlen( $ text)){
15.       $ size = mt_rand(20,30);
16.       $ angle = mt_rand(-15,30);
17.       $ x =15 + $ i* mt_rand(20,25);
18.       $ y = mt_rand(30,35);
19.       $ color =imagecolorallocate( $ img,mt_rand(0,255),mt_rand(0,255),mt_rand(0,255));
```

```
20.     imagettftext( $ img, $ size, $ angle, $ x, $ y, $ color, $ dir. ' /' . ' comicbd. ttf' , $ text[ $ i]);
21.       $ i++;
22.    }
23.     $ j = 0;
24.  while( $ j < 4){
25.       $ x1 = mt_rand(0,110);
26.       $ y1 = mt_rand(0,30);
27.       $ x2 = mt_rand(0,110);
28.       $ y2 = mt_rand(0,30);
29.       $ color  =imagecolorallocate( $ img,mt_rand(0,255),mt_rand(0,255),mt_rand(0,255));
30.       imageline( $ img, $ x1, $ y1, $ x2, $ y2, $ color);
31.       $ j++;
32.    }
33.    header(' Content-Type:image/jpeg' );
34.    imagejpeg( $ img);
35. ? >
```

第11行的"dirname(__FILE__)"获取字体文件目录路径。

第14~22行完成网站验证码，字符的颜色、大小、倾斜角度通常在一定范围内随机变动，以提高验证码识别难度。字符颜色取值范围为0~255，大小可规定取值范围为20~30，倾斜角度可规定取值范围为-15~30，第一个字符位置可规定取值范围为(20~25，30~35)，第二个字体范围为(35~40，30~35)，同理，第三个字符在第二个字符x坐标的取值范围上加15，依此类推，可得到最后一个字符位置的取值范围。

第23~32行生成不规则线条。网站验证码中除了验证码内容在一定范围内随机外，通常还会有一些不规则的线条以提高验证码的识别难度。在验证码中自动生成一些不规则线条可以使用imageline()函数，使直线起始坐标与结束坐标在(0~110，0~30)范围内随机生成，线条颜色取值范围规定为0~255，即可实现不规则线条生成。

Step09 保存文件，通过浏览器访问"例7-6. php"文件，运行结果如图7-6所示。

图7-6 生成完整验证码

147

7.4 项目拓展

通过"项目实施"，读者已经基本掌握使用 PHP 生成验证码的方法，请结合"项目实施"与项目 6 完成用户登录功能，将验证码融入用户登录功能。

具体操作步骤如下。

Step01 需求分析。

需要一个 HTML 文件"login. html"提供用户登录表单功能，"verify. php"文件用于生成验证码，用户单击"登录"按钮后由后端"dologin. php"文件处理前端传入的参数，"dologin. php"文件将用户传入的参数与数据库中的内容进行对比。数据库中的内容采用项目 6 的"项目实施"中已经创建的数据库内容，数据表 users 中存储了两条数据(admin, admin)和(root, root)。

Step02 在网站目录"D:\phpstudy_pro\WWW\PHPWeb\project7\"下新建文件夹"ex7-7"，将"项目实施"中的"例 7-6. php"文件复制到"ex7-7"文件夹中，重命名为"verify. php"。

Step03 编辑"verify. php"文件，代码如下。

```php
1. <? php
2.   session_start();
3.   function randomText( $ length = 4){
4.       $ text = join(array_merge(range(' a' , ' z' ),range(' A' , ' Z' ),range(0, 9)));
5.       $ text = str_shuffle( $ text);
6.       $ text = substr( $ text,0, $ length);
7.   return $ text;
8.   }
9.   $ img = imagecreatetruecolor(110, 40);
10.   $ white = imagecolorallocate( $ img,255,255,255);
11.   imagefilledrectangle( $ img,0,0,110,40, $ white);
12.   $ dir = dirname(_FILE_);
13.   $ text = randomText();
14.   $_SESSION[' security' ]= $ text;
15.   $ i = 0;
16.   while( $ i < strlen( $ text)){
17.       $ size = mt_rand(20,30);
18.       $ angle = mt_rand(-15,30);
19.       $ x =15 + $ i* mt_rand(20,25);
20.       $ y = mt_rand(30,35);
21.       $ color =imagecolorallocate( $ img,mt_rand(0,255),mt_rand(0,255),mt_rand(0,255));
```

```
22.      imagettftext( $ img, $ size, $ angle, $ x, $ y, $ color, $ dir. ' / ' . ' comicbd. ttf' , $ text[ $ i]);
23.      $ i++;
24.    }
25.    $ j = 0;
26.    while( $ j < 4){
27.      $ x1 = mt_rand(0,110);
28.      $ y1 = mt_rand(0,30);
29.      $ x2 = mt_rand(0,110);
30.      $ y2 = mt_rand(0,30);
31.      $ color = imagecolorallocate( $ img,mt_rand(0,255),mt_rand(0,255),mt_rand(0,255));
32.      imageline( $ img, $ x1, $ y1, $ x2, $ y2, $ color);
33.      $ j++;
34.    }
35.    header(' Content-Type:image/jpeg' );
36.    imagejpeg( $ img);
37. ? >
```

第 2 行使用"session_start();"开启 Session 会话。

第 14 行将验证码内容赋给 $_SESSION[' security']变量。Session 主要知识在项目 8 学习,使用 Session 会话的方式是为了将 $ test 验证码内容传递给"dologin. php"文件进行验证。

Step04　在网站目录"D:\phpstudy_pro\WWW\PHPWeb\project7\ex7-7"下新建名为"login. html"的文件。

Step05　编辑"login. html"文件, 代码如下。

```
1. <! DOCTYPE html>
2. <html>
3. <head>
4.    <meta charset="UTF-8">
5.    <title>欢迎登录</title>
6. </head>
7. <body>
8.    <form action=' dologin. php'  method=' post' >
9.      <input type="test" name=' username'  placeholder="用户名"><br>
10.     <input type="password" name=' password'  placeholder="密码"><br>
11.     <input type="text" name="verify" placeholder="验证码">
12.     <img src = "verify. php"><br>
13.     <input type="submit" name="sumbit" value="登录">
14. </form>
15. </body>
16. </html>
```

第 8~14 行在 form 表单中完成用户登录功能。

第 8 行将用户输入信息通过 POST 方式提交至"dologin. php"文件进行处理。

第 9 行为用户名。

第 10 行为密码。

第 11 行为验证码，验证码调用"verify. php"文件。

Step06 将网站目录"D:\phpstudy_pro\WWW\PHPWeb\project6\"下的"例 6- 2. php"
文件复制到目录"D:\phpstudy_pro\WWW\PHPWeb\project7\ex7-7"下，并将其文件名改为
"dologin. php"。

Step07 编辑"dologin. php"文件，代码如下。

```php
1. <? php
2.    session_start();
3.     $ u =isset( $_POST[' username' ])?  $_POST[' username' ]:null;
4.     $ p =isset( $_POST[' password' ])?  $_POST[' password' ]:null;
5.     $ ver =isset( $_POST[' verify' ])?  $_POST[' verify' ]:null;
6.    if( $ u == null ||  $ p == null){
7.       echo '用户名或密码为空';
8.    }elseif( $ ver! == $_SESSION[' security' ]){
9.       exit(' 验证码输入错误' );
10.   }elseif(checklogin_sql( $ u, $ p)){
11.      echo ' 登录成功';
12.   }else{
13.      echo '用户名或密码错误';
14.   }
15.   //检测用户名和密码与数据库中是否一致
16.   function checklogin_sql( $ a, $ b){
17.      $ con = mysqli_connect(' 127. 0. 0. 1' ,' root' ,' root' ,' phptest' );
18.      if(!  $ con){
19.         exit(' 数据库连接失败:'. mysqli_connect_error( $ con));
20.      }
21.      $ sql ="select *  from users where username=' { $ a}' and password =' { $ b}' ";
22.      $ row = mysqli_query( $ con, $ sql);
23.      $ res = mysqli_fetch_array( $ row);
24.      if( $ res){
25.         return true;
26.      }else{
27.         return false;
28.      }
29.   }
30. ? >
```

第 2 行使用"session_start();"开启 Session 会话。

第 5 行对 HTML 文件传入的验证码进行预处理。

第 8、9 行使用 elseif 语句验证 HTML 文件传入的验证码是否正确，若不正确则输出"验
证码输入错误"并终止程序。

Step08 功能验证。通过浏览器访问"login. html"文件，运行结果如图 7-7 所示。

图7-7 前端登录页面

Step09 功能验证。输入随意的用户名和密码(非空值即可)。输入错误的验证码,单击"登录"按钮后页面跳转至"dologin. php"文件,输出"验证码输入错误",如图7-8所示。

图7-8 验证码输入错误

Step10 功能验证。输入正确的用户名和密码("admin:admin"或"root:root",代码实现中验证码区分大小写字母),单击"登录"按钮后页面跳转至"dologin. php"文件,输出"登录成功",如图7-9所示。

图7-9 登录成功

Step11 功能验证。通过浏览器访问"login. html"文件,若用户名或密码中任意一个未输入值,单击"登录"按钮后页面输出"用户名或密码为空",如图7-10所示。

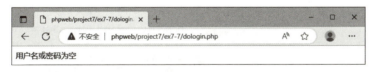

图7-10 用户名或密码为空

7.5 项目小结

通过本项目的学习,读者能熟悉字体安装、字体复制;能归纳PHP图片处理相关函数和数据处理相关函数的用法;能熟练使用图片创建函数、颜色分配函数、图形绘制函数和图片保存函数。通过"项目实施"和"项目拓展"的学习,读者应掌握随机生成验证码的方法以及验证码在登录页面的使用。本项目知识小结如图7-11所示。

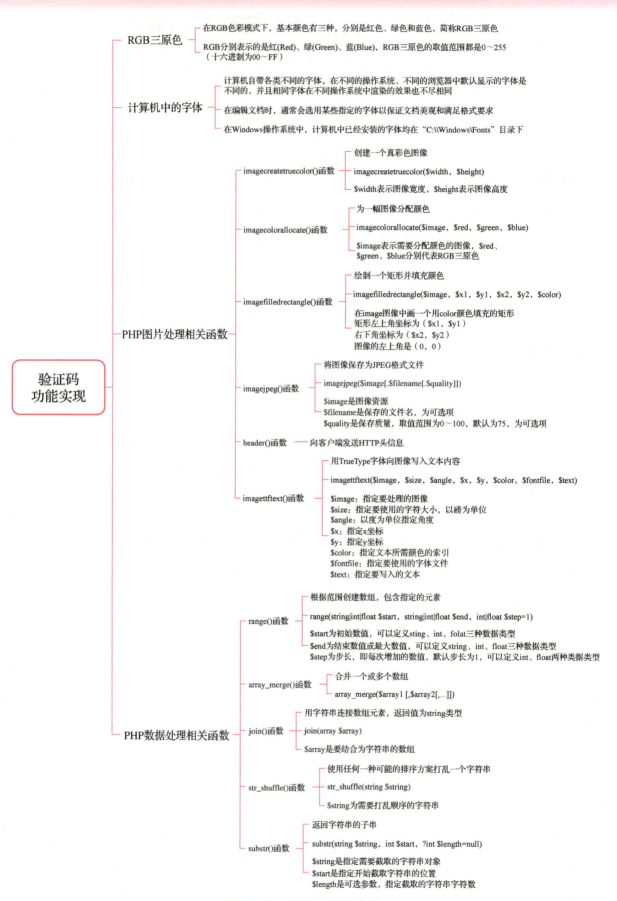

图 7-11　项目 7 知识小结

验证码
功能实现

RGB三原色
　├─ 在RGB色彩模式下，基本颜色有三种，分别是红色、绿色和蓝色，简称RGB三原色
　└─ RGB分别表示的是红(Red)、绿(Green)、蓝(Blue)，RGB三原色的取值范围都是0～255
　　　（十六进制为00～FF）

计算机中的字体
　├─ 计算机自带各类不同的字体，在不同的操作系统、不同的浏览器中默认显示的字体是
　　　不同的，并且相同字体在不同操作系统中渲染的效果也不尽相同
　├─ 在编辑文档时，通常会选用某些指定的字体以保证文档美观和满足格式要求
　└─ 在Windows操作系统中，计算机中已经安装的字体均在 "C:\\Windows\Fonts" 目录下

PHP图片处理相关函数
　├─ imagecreatetruecolor()函数
　　　├─ 创建一个真彩色图像
　　　├─ imagecreatetruecolor($width，$height)
　　　└─ $width表示图像宽度，$height表示图像高度
　├─ imagecolorallocate()函数
　　　├─ 为一幅图像分配颜色
　　　├─ imagecolorallocate($image，$red，$green，$blue)
　　　└─ $image表示需要分配颜色的图像，$red、
　　　　　$green、$blue分别代表RGB三原色
　├─ imagefilledrectangle()函数
　　　├─ 绘制一个矩形并填充颜色
　　　├─ imagefilledrectangle($image，$x1，$y1，$x2，$y2，$color)
　　　└─ 在image图像中画一个用color颜色填充的矩形
　　　　　矩形左上角坐标为（$x1，$y1）
　　　　　右下角坐标为（$x2，$y2）
　　　　　图像的左上角是（0，0）
　├─ imagejpeg()函数
　　　├─ 将图像保存为JPEG格式文件
　　　├─ imagejpeg($image[.$filename[.$quality]])
　　　└─ $image是图像资源
　　　　　$filename是保存的文件名，为可选项
　　　　　$quality是保存质量，取值范围为0～100，默认为75，为可选项
　├─ header()函数 ── 向客户端发送HTTP头信息
　└─ imagettftext()函数
　　　├─ 用TrueType字体向图像写入文本内容
　　　├─ imagettftext($image，$size，$angle，$x，$y，$color，$fontfile，$text)
　　　└─ $image：指定要处理的图像
　　　　　$size：指定要使用的字符大小，以磅为单位
　　　　　$angle：以度为单位指定角度
　　　　　$x：指定x坐标
　　　　　$y：指定y坐标
　　　　　$color：指定文本所需颜色的索引
　　　　　$fontfile：指定要使用的字体文件
　　　　　$text：指定要写入的文本

PHP数据处理相关函数
　├─ range()函数
　　　├─ 根据范围创建数组，包含指定的元素
　　　├─ range(string|int|float $start，string|int|float $end，int|float $step=1)
　　　└─ $start为初始数值，可以定义sting、int、folat三种数据类型
　　　　　$end为结束数值或最大数值，可以定义string、int、float三种数据类型
　　　　　$step为步长，即每次增加的数值，默认步长为1，可以定义int、float两种类据类型
　├─ array_merge()函数
　　　├─ 合并一个或多个数组
　　　└─ array_merge($array1 [,$array2[,...]])
　├─ join()函数
　　　├─ 用字符串连接数组元素，返回值为string类型
　　　├─ join(array $array)
　　　└─ $array是要结合为字符串的数组
　├─ str_shuffle()函数
　　　├─ 使用任何一种可能的排序方案打乱一个字符串
　　　├─ str_shuffle(string $string)
　　　└─ $string为需要打乱顺序的字符串
　└─ substr()函数
　　　├─ 返回字符串的子串
　　　├─ substr(string $string，int $start，?int $length=null)
　　　└─ $string是指定需要截取的字符串对象
　　　　　$start是指定开始截取字符串的位置
　　　　　$length是可选参数，指定截取的字符串字符数

7.6 知识巩固

一、单选题

1. RGB 三原色为红、绿、蓝，将适当比例的(　　　)混合，可以得到青色。

A. 红+绿 　　　　　　B. 绿+蓝 　　　　　　C. 蓝+红 　　　　　　D. 红+绿+蓝

2. RGB 三原色相互叠加可以得到(　　　)。

A. 黑色 　　　　　　B. 白色 　　　　　　C. 黄色 　　　　　　D. 紫色

3. 以下有关字体的说法中不正确的是(　　　)。

A. 计算机自带各类不同的字体

B. 在不同操作系统、不同浏览器中默认显示的字体是不同的

C. 相同字体在不同操作系统中渲染的效果相同

D. 在 Windows 操作系统中，计算机中已经安装的字体均在"C:\Windows\Fonts"目录下

4. PHP 图片处理函数 imagecreatetruecolor()的功能是(　　　)。

A. 为图像填充颜色 　　　　　　　　　B. 保存图像颜色

C. 为一幅图像分配颜色 　　　　　　　D. 创建一个真彩色图像

5. PHP 图片处理函数 imagecolorallocate()的功能是(　　　)。

A. 为图像填充颜色 　　　　　　　　　B. 保存图像颜色

C. 为一幅图像分配颜色 　　　　　　　D. 创建一个真彩色图像

6. PHP 图片处理函数 imagefilledrectangle()的功能是(　　　)。

A. 为图像填充颜色 　　　　　　　　　B. 画一个矩形并填充颜色

C. 为一幅图像分配颜色 　　　　　　　D. 创建一个真彩色图像

7. 执行 range(2, 10, 2)的结果是(　　　)。

A. [2, 4, 6, 8] 　　　B. [2, 4, 6, 8, 10] 　　　C. (2, 4, 6, 8) 　　　D. (2, 4, 6, 8, 10)

8. 关于 array_merge()函数，下列说法中错误的是(　　　)。

A. 该函数只能接受一个参数

B. 如果输入的数组中有相同的字符串键名，则后面的值将会覆盖前面的值

C. 如果数组是数字索引数组，则键名会以连续方式重新编排索引

D. 如果数组包含数字键名，则后面的值将附加到数组的后面

9. str_shuffle()函数的功能是(　　　)。

A. 根据范围创建数组   B. 合并一个或多个数组

C. 用字符串连接数组元素   D. 打乱一个字符串

10. substr()函数用于获取字符串中的子串，substr("itcast", 1, 3) 的返回值是( )。

A. "itc"   B. "tca"   C. "cas"   D. "ast"

二、多选题

1. RGB 三原色是常用的光的三原色，以下表述中正确的是( )。

A. 黄（Yellow，记为 Y）   B. 红（Red，记为 R）

C. 绿（Green，记为 G）   D. 蓝（Blue，记为 B）

2. 有关 GD 库的说法中正确的是( )。

A. GD 库是一个开源的图形库

B. GD 库能够动态地生成图像

C. GD 库支持 JPG、PNG、GIF 等多个格式

D. 使用 GD 库，可以在 PHP 中创建复杂的图像、添加各种文本和效果

3. 对函数 imagefilledrectangle($image，$x1，$y1，$x2，$y2，$color)的语法格式的解释正确的是( )。

A. $image 是图像资源   B. 图像的左上角坐标为(0，0)

C. 矩形左上角坐标为($x1，$y1) D. 图像的右下角坐标为($x2，$y2)

4. 以下哪些命令可以操作数据库？( )

A. create   B. drop   C. use   D. select

5. PHP 连接 MySQL 数据库需要用到的三个参数分别是(采用 mysql_connect()函数连接)
( )。

A. 主机名   B. 数据库密码

C. 数据库用户名   D. 连接数据库报错信息

7.7 实战强化

阅读下列说明，参照图 7-12 所示效果，完成 PHP 图像缩放代码的编写。

1. 说明

PHP 图像缩放的步骤如下。

（1）打开来源图片，使用 imagecreatefrompng()函数从 PNG 文件或 URL 创建新图像，要编辑 PNG 图像时，通常使用此函数。

（2）设置图片缩放百分比（缩放）。

（3）获得来源图片，按比例调整大小。

（4）新建一个指定大小的图片作为目标图片。

（5）将调整大小后的来源图片放到目标图片中，使用 imagecopyresampled（resource $ 目标图，resource $ 来源图，int $ 目标开始的 x 位置，int $ 目标开始的 y 位置，int $ 来源开始的 x 位置，int $ 来源开始的 y 位置，int $ 目标图片的宽，int $ 目标图片的高，int $ 来源图片的宽，int $ 来源图片的高)函数完成。

（6）销毁资源。

2. 效果

图片缩放效果如图 7-12 所示。

图 7-12　图片缩放效果

项目 8

PHP 会话管理

8.1 项目描述

项目 7 介绍了使用 PHP 实现验证码功能的方法。本项目介绍 PHP 会话管理。
本项目学习要点如下。

(1) PHP 时间函数。

(2) Cookie 会话管理方式。

(3) Session 会话管理方式。

8.2 知识准备

8.2.1 PHP 时间函数

由于世界上各个国家与地区的经度不同，地方时也不同，所以将世界划分为不同的时区。现今全球共分为 24 个时区。实际上，1 个国家或 1 个省份常常跨越 2 个或更多时区，为了行政上的方便，通常将 1 个国家或 1 个省份划分在一起。因此，时区并不严格按南北直线划分，而是按自然条件划分。例如，中国幅员辽阔，差不多跨越 5 个时区，但为了使用方便，实际上只以东八时区的标准时即北京时间为准。

1. 时区设置函数

1）date_default_timezone_set() 函数

PHP 中 date_default_timezone_set() 函数可以为脚本中的所有时间日期函数设置一个默认时区。

（1）语法格式。

```
date_default_timezone_set( $ timezone_identifier);
```

（2）参数说明。

$ timezone_identifier 为时区标识符。

（3）示例。

```
date_default_timezone_set(' Asia/Shanghai' );     //将时区设置为亚洲/上海
```

2）date_default_timezone_get() 函数

PHP 中的 date_default_timezone_get() 函数获取脚本中日期时间函数所使用的默认时区，成功时返回字符串形式的默认时区名。

（1）语法格式。

```
date_default_timezone_get();
```

（2）返回值。

该函数返回一个 string 型数据。

3）PHP 支持的亚洲时区

PHP 支持的亚洲时区如表 8-1 所示。

表 8-1　PHP 支持的亚洲时区

Asia/Aden	Asia/Almaty	Asia/Amman	Asia/Anadyr
Asia/Aqtau	Asia/Aqtobe	Asia/Ashgabat	Asia/Atyrau
Asia/Baghdad	Asia/Bahrain	Asia/Baku	Asia/Bangkok
Asia/Barnaul	Asia/Beirut	Asia/Bishkek	Asia/Brunei
Asia/Chita	Asia/Choibalsan	Asia/Colombo	Asia/Damascus
Asia/Dhaka	Asia/Dili	Asia/Dubai	Asia/Dushanbe
Asia/Famagusta	Asia/Gaza	Asia/Hebron	Asia/Ho_Chi_Minh

续表

Asia/Aden	Asia/Almaty	Asia/Amman	Asia/Anadyr
Asia/Hong_Kong	Asia/Hovd	Asia/Irkutsk	Asia/Jakarta
Asia/Jayapura	Asia/Jerusalem	Asia/Kabul	Asia/Kamchatka
Asia/Karachi	Asia/Kathmandu	Asia/Khandyga	Asia/Kolkata
Asia/Krasnoyarsk	Asia/Kuala_Lumpur	Asia/Kuching	Asia/Kuwait
Asia/Macau	Asia/Magadan	Asia/Makassar	Asia/Manila
Asia/Muscat	Asia/Nicosia	Asia/Novokuznetsk	Asia/Novosibirsk
Asia/Omsk	Asia/Oral	Asia/Phnom_Penh	Asia/Pontianak
Asia/Pyongyang	Asia/Qatar	Asia/Qostanay	Asia/Qyzylorda
Asia/Riyadh	Asia/Sakhalin	Asia/Samarkand	Asia/Seoul
Asia/Shanghai	Asia/Singapore	Asia/Srednekolymsk	Asia/Taipei
Asia/Tashkent	Asia/Tbilisi	Asia/Tehran	Asia/Thimphu
Asia/Tokyo	Asia/Tomsk	Asia/Ulaanbaatar	Asia/Urumqi
Asia/Ust-Nera	Asia/Vientiane	Asia/Vladivostok	Asia/Yakutsk
Asia/Yangon	Asia/Yekaterinburg	Asia/Yerevan	—

2. 时间函数

PHP 中 time()函数的主要功能是返回当前时间的 Unix 时间戳。时间戳就是从一个标准时间点（1970/1/1-00:00:00）到现在的某个时间点所经过的秒数。

1）语法格式

```
time();
```

2）返回值

该函数返回一个包含当前时间的 Unix 时间戳的整数。

3. 格式化日期和时间函数

PHP 中 date()函数的主要功能是把时间戳格式化为可读性更高的日期和时间。

1）语法格式

```
string date ( string $ format [, int $ timestamp ] )
```

2）参数说明

（1）$ format：规定时间戳的格式，具体格式如表 8-2 所示。

（2）$ timestamp：可选参数，规定一个整数的 Unix 时间戳。如未指定或是 null，则默认为当前的本地时间，即 time() 的返回值。

表 8-2　$ format 参数介绍

$ format 字符	说明	返回值示例
日	—	—
d	月份中的第几天，有前导零的 2 位数字	01~31
D	星期中的第几天，文本表示，3 个字母	Mon~Sun
j	月份中的第几天，没有前导零	1~31
l（"L"的小写字母）	星期几，完整的文本格式	Sunday~Saturday
N	ISO-8601 格式数字表示的星期中的第几天（PHP 5.1.0 新加）	1（表示星期一）~7（表示星期天）
S	每月天数后面的英文后缀，2 个字符	st、nd、rd 或者 th，可以和 j 一起用
w	星期中的第几天，数字表示	0（表示星期天）~6（表示星期六）
z	年份中的第几天	0~365
星期	—	—
W	ISO-8601 格式年份中的第几周，每周从星期一开始（PHP 4.1.0 新加）	例如：42（当年的第 42 周）
月	—	—
F	月份，完整的文本格式，例如 January 或者 March	January~December
m	数字表示的月份，有前导零	01~12
M	3 个字母缩写表示的月份	Jan~Dec
n	数字表示的月份，没有前导零	1~12
t	指定的月份有几天	28~31
年	—	—
L	是否为闰年	如果是闰年则为 1，否则为 0
o	ISO-8601 标准下的年份数字。这和 Y 的值相同，但如果 ISO-8601 的星期数（W）属于前一年或下一年，则用那一年（PHP 5.1.0 新加）	例如：1999 或 2003
Y	4 位数字完整表示的年份	例如：1999 或 2003
y	2 位数字表示的年份	例如：99 或 03
时间	—	—
a	小写的上午和下午值	am 或 pm

$ format 字符	说明	返回值示例
A	大写的上午和下午值	AM 或 PM
B	Swatch Internet 标准时	000~999
g	小时，12 小时格式，没有前导零	1~12
G	小时，24 小时格式，没有前导零	0~23
h	小时，12 小时格式，有前导零	01~12
H	小时，24 小时格式，有前导零	00~23
i	有前导零的分钟数	00~59
s	秒数，有前导零	00~59
u	毫秒（PHP 5.2.2 新加）。需要注意的是 date()函数总是返回 000000，因为它只接受 integer 参数，而 DateTime::format()才支持毫秒	示例：654321
时区	—	—
e	时区标识（PHP 5.1.0 新加）	例如：UTC、GMT、Atlantic/Azores
I	是否为夏令时	如果是夏令时则为 1，否则为 0
O	与格林尼治时间相差的小时数	例如：+0200
P	与格林尼治时间（GMT）的差别，小时和分钟由冒号分隔（PHP 5.1.3 新加）	例如：+02:00
T	本机所在时区的简写	例如：EST、MDT（在 Windows 操作系统中为完整文本格式，例如"Eastern Standard Time"，中文版会显示"中国标准时间"）
Z	时差偏移量的秒数。UTC 西边的时区偏移量总是负的，UTC 东边的时区偏移量总是正的	−43200~43200
完整的日期/时间	—	—
c	ISO-8601 格式的日期（PHP 5 新加）	2004-02-12T15:19:21+00:00
r	RFC 2822 格式的日期	例如：Thu, 21 Dec 2000 16:01:07 +0200
U	从 Unix 纪元（January 1 1970 00:00:00 GMT）开始至今的秒数	参见 time()函数

8.2.2　Cookie 会话管理方式

在开发 Web 应用程序时，会话管理是一个非常重要的方面，因为它允许开发者在不同请求之间存储和维护用户信息。

Cookie 是最常见的会话管理方式之一，是一种在用户计算机上存储数据的机制，它通过在 HTTP 响应头部添加 Set-Cookie 标头将数据发送到用户计算机上，并且随后的每个请求都会包含 HTTP 响应头部的 Set-Cookie 标头。

Cookie 是存储在用户浏览器中的一小段文本数据，可以用于记录用户浏览行为、保存用户个人设置以及认证用户身份等。当用户下一次访问该网站时，该网站会先访问用户计算机上对应的该网站的 Cookie 文件，从而迅速做出响应，例如在页面中不需要输入用户的 ID 和密码，即可直接登录网站。

1. Cookie 的认证过程

当用户访问一个网站时，Cookie 认证机制就会立刻工作。Cookie 的认证过程如下。

(1)用户发起登录请求，向服务器传入用户密码等身份信息。

(2)服务器验证用户是否满足登录条件，如果满足，就根据用户信息创建一个登录凭证。

(3)服务器对于上一步创建好的登录凭证，先对它做数字签名，然后用对称加密算法做加密处理。

(4)将签名、加密后的字符串写入 Cookie，Cookie 的名称必须固定。

(5)用户登录后发起后续请求，服务器根据上一步存储登录凭证的 Cookie 名称，获取相应的 Cookie 值。

2. Cookie 的类型

根据 Cookie 的时效性以及相关特点，可以把它分为两种类型：持久型 Cookie 和临时型 Cookie。

持久型 Cookie 以文本形式存储在硬盘上，由浏览器读取。

临时型 Cookie 也称为会话 Cookie，存储在内存中，关闭当前浏览器后会立即消失。

3. Cookie 的创建

在 PHP 中通过 setcookie()函数创建 Cookie。

1)语法格式

setcookie(string $ name, string $ value, int $ expires_or_options, string $ path, string $ domain, bool $ secure, bool $ httponly)

2)参数说明

(1) $ name：Cookie 的名称，为必选项，设置 Cookie 时一定要给 Cookie 定义名称。

（2）$ value：Cookie 的值，为必选项，这个值存储在用户计算机中。

（3）$ expires：规定 Cookie 的有效期。需要以 UNIX 时间戳的方式设置过期时间，即用 time() 函数的结果加上希望过期的秒数。例如，"time()+60＊60＊24＊30"就是设置 Cookie 30 天后过期。如果设置成零或者忽略参数，Cookie 会在会话结束（关掉浏览器时）时过期。

（4）$ path：Cookie 有效的服务器路径。设置成 ' / ' 时，Cookie 对整个域名 domain 有效。设置成 ' /foo' 时，Cookie 仅对 domain 中"/foo"目录及其子目录有效（例如"/foo/bar/"）。默认值是设置 Cookie 时的当前目录。

（5）$ domain：Cookie 的有效域名/子域名。Cookie 对整个域名有效（包括它的全部子域名），只要设置成域名即可（例如 ' example. com '）。设置成子域名（例如 ' www. example. com'）会使 Cookie 对这个子域名和它的三级域名有效（例如 w2. www. example. com）。

（6）$ secure：设置 Cookie 是否仅通过安全的 HTTPS 连接传给客户端。设置成 true 时，只有安全连接存在时才会设置 Cookie。如果在服务器端处理这个需求，则程序员需要在安全连接上发送此类 Cookie（通过 $_SERVER["HTTPS"] 判断）。

（7）$ httponly：设置为 true 或 false。设置为 true 时，Cookie 可通过 HTTP 访问，也就是 Cookie 无法通过类似 JavaScript 的脚本语言访问。要有效减少 XSS 攻击时的身份窃取行为，建议使用此设置（虽然不是所有浏览器都支持），不过这个说法存在争议。

3）注释

创建 Cookie 之前必须了解 Cookie 是 HTTP 响应头部的组成部分，必须在页面其他内容之前发送，即它必须最先输出。因此，在 setcookie()函数前输出一个 HTML 标记或 echo 语句，都会导致程序出错。

4. Cookie 的读取

在 PHP 中可以直接通过超级全局数组 $_COOKIE[]读取浏览器端的 Cookie 值。其语法格式如下。

```
echo  $_COOKIE[' id' ];
```

5. Cookie 的删除

Cookie 被创建后，如果没有设置过期时间，则 Cookie 会在浏览器关闭时自动删除。也可以使用 setcookie()函数自行删除 Cookie 文件。

通过 setcookie()函数删除 Cookie 时，可以将第二个参数 $ name 设置为空，将 Cookie 的过期时间设置为"当前时间-1"。

```
setcookie(' id' ,' ' ,time()-1);
```

6. Cookie 的生命周期

如果 Cookie 未设置过期时间，就表示它的生命周期为浏览器会话期间，只要关闭浏览

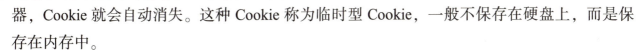

器，Cookie 就会自动消失。这种 Cookie 称为临时型 Cookie，一般不保存在硬盘上，而是保存在内存中。

如果 Cookie 设置了过期时间，那么浏览器会把 Cookie 保存到硬盘中，再次打开浏览器时 Cookie 依然有效，直到它的有效期到达。

虽然 Cookie 可以长期保存在客户端浏览器中，但它也不是一成不变的。因为浏览器最多允许存储 300 个 Cookie，且每个 Cookie 支持的最大容量为 4KB，每个域名最多支持 20 个 Cookie，如果达到限制，浏览器会自动随机地删除 Cookie。

8.2.3　Session 会话管理方式

Session 在 Web 技术中非常重要。由于 HTTP 是无状态的，所以一次请求结束后会立刻断开，服务器再次收到请求时，无法识别此连接用户是哪个用户。通过 Session 可以记录用户的有关信息，以供用户再次以此身份对服务器提交要求时进行确认。

Session 会话适用于存储信息量比较少，并且存储内容不需要长期存储的情况。

1. Session 的认证过程

当用户访问一个网站时，Session 认证机制就会立刻工作。Session 的认证过程如下。

(1)服务器 Session 是用户第一次访问应用时服务器创建的对象。

(2)服务器为每个 Session 都分配一个唯一的 SessionID。

(3)服务器在创建完 Session 后，会把 Session 通过 Cookie 返回给用户所在的浏览器。

(4)当用户第二次向服务器发送请求时，会通过 Cookie 把 Session 传回给服务器。

(5)用户再次请求时，服务器能够根据 SessionID 找到与该用户对应的 Session 信息。

2. Session 的创建

Session 的使用包含以下步骤：启动 Session→创建 Session→删除 Session。

session_start()函数会启动新 Session 或者重用现有 Session。如果通过 GET/POST 方式，或者使用 Cookie 提交了 SessionID，则会重用现有 Session。Session 启动后，保存在数组 $_SESSION 中，可直接通过该数组创建一个变量。

例 8-1： 启动 Session 并创建 Session 变量。新建"例 8-1.php"文件，代码如下(实例位置：资源包\实验源码\project8\例 8-1.php)。

session
的创建

```
1. <? php
2.    session_start();        //启动 Session
3.    $_SESSION[' admin' ]=null;   //申明一个名为 admin 的 Session 变量,并赋空值
4.? >
```

第 3 行创建一个 Session 变量并赋空值。

3. Session 的使用

在使用 Session 时首先需要判断 Session 变量是否有一个 SessionID 存在，如果不存在，

就创建一个，并且使其能够通过全局数组 $_SESSION 进行访问。如果已经存在，则将已注册的 Session 变量载入以供用户使用。

session
的使用

例 8-2：Session 的使用。新建"例 8-2. php"文件，代码如下（实例位置：资源包\实验源码\project8\例 8-2. php）。

```
1. <? php
2.    session_start();
3.    if( $ usr = =' admin'  &&  $ pwd = =' admin'){
4.        echo '登录成功';
5.         $_SESSION[' admin' ]=1;
6.    }else{
7.        echo '登录失败';
8.        header(' location:login. html' );
9.    }
10. ? >
```

第 5 行用户登录成功后创建" $_SESSION[' admin']=1"。

第 8 行登录失败直接跳转至登录页面。

4. Session 的删除

删除 Session 的方式有 3 种，分别为删除单个 Session、删除多个 Session 和结束当前 Session。

1）删除单个 Session

删除单个 Session 的方法与删除数组元素操作一样，直接注销 $_SESSION 数组的某个元素即可。例如：

```
unset( $_SESSION[' admin' ]);   //注销 $_SESSION[' admin' ]的代码
```

2）删除多个 Session

如果要一次性注销所有 Session 变量，可以将一个空数组赋给 $_SESSION。例如：

```
 $_SESSION = array();
```

3）结束当前 Session

如果整个 Session 已结束，应注销所有 Session 变量，然后使用 session_destroy()函数结束当前的 Session，并清空所有资源，彻底销毁 Session。

```
session_destroy();
```

5. Session 时间设置

使用 session_set_cookie_params()函数设置 Session 过期时间。session_set_cookie_params()函数必须在 session_start()之前调用。

例 8-3：设置 Session 过期时间。新建"例 8-3. php"文件，代码如下（实例位置：资源包\

实验源码\project8\例 8-3. php)。

```
1. <? php
2.    $ time=10* 60;
3.    session_set_cookie_params( $ time);
4.    session_start();
5. ? >
```

第 3、4 行设置 Session 在 10 分钟后过期。

6. Session 文件存储

session文件的存储

Session 会话管理中，Session 创建成功后会把信息存储到服务器端(即 phpStudy 安装路径下)。Session 文件的存储位置，可以在"php. ini"文件中查看，"php. ini"文件存放于默认安装路径"D:/phpstudy_pro/Extensions/php/php 7. 3. 4nts/"目录下。

打开"php. ini"文件，找到 Session 文件存储路径"D: \ phpstudy _pro \ Extensions \ tmp \ tmp"，如图 8-1 所示。

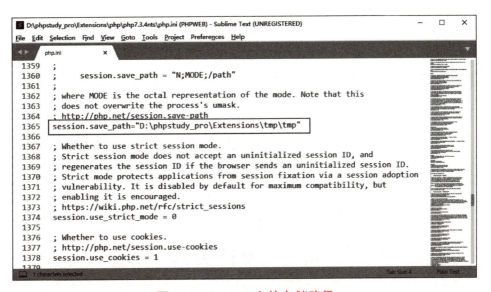

图 8-1　Session 文件存储路径

Session 开启后"D:\phpstudy_pro\Extensions\tmp\tmp"目录下会自动生成 Sesion 文件，运行下述代码后会随机产生一个 Session 文件，Session 文件中存放的内容为创建的 Session 对象及 Session 值。

例 8-4：创建 Session。新建"例 8-4. php"文件，代码如下(实例位置：资源包\实验源码\project8\例 8-4. php)。

```
1. <? php
2.    session_start();
3.    $_SESSION[' user' ]=' admin' ;
4. ? >
```

第 2、3 行创建一个 Session 值，Session 对象的值为"admin"。

保存文件后，通过浏览器访问，在"D:\phpstudy_pro\Extensions\tmp\tmp"目录下会自动生成 Session 文件，运行下述代码后会随机产生一个 Session 文件，Session 文件中存放的内容为创建的 Session 对象及 Session 值，如图 8-2 所示。

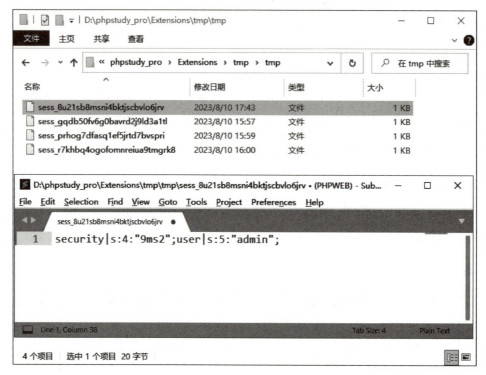

图 8-2　Session 文件内容

8.3　项目实施

使用本项目"知识准备"的知识点实现 Cookie 会话管理方式和 Session 会话管理方式，具体要求如下。

1. 实现 Cookie 会话管理方式

（1）编写前端登录表单"login.html"，要求用户输入用户名和密码，单击"提交"按钮后将用户提交参数传入后端"login.php"文件进行验证。

（2）编写后端"login.php"文件，若前端用户输入用户名和密码均为 admin，则登录成功跳转至"admin.php"文件，否则弹窗提示"用户名或密码错误"，并跳转至前端登录表单。

（3）编写后端"admin.php"文件，提示用户登录成功，并将登录时间输出。

（4）完善后端 PHP 代码，采用 Cookie 会话管理方式，Cookie 有效时间为 1 分钟。若用户在未登录状态下直接访问"admin.php"文件，则弹窗提示用户"您还没有登录"，并跳转至前端登录表单"login. html"。

2. 实现 Session 会话管理方式

（1）编写前端登录表单"login. html"，用于模拟用户登录。

（2）编写后端"login. php"文件，对用户登录进行处理。

（3）编写后端"admin. php"文件，提供用户登录成功显示界面，同时提供退出功能。

（4）完善后端 PHP 代码，采用 Session 会话管理方式。

8.3.1 实现 Cookie 会话管理方式

实现cookie
会话管理

具体操作步骤如下。

Step01　打开已安装的 phpStudy 软件，在面板"首页"页面的 Apache2.4.39 右侧单击"启动"按钮，启动 Apache 服务。

Step02　在网站目录"D:\phpstudy_pro\WWW\PHPWeb\project8\"下新建名为"login. html"的文件。

Step03　编辑"login. html"文件，代码如下。

```
1. <! DOCTYPE html>
2. <html>
3. <head>
4.    <meta charset="UTF-8">
5.    <title>登录</title>
6. </head>
7. <body>
8.    <form action=' login. php'  method=' post' >
9.       <input type="test" name=' username'  placeholder="用户名"><br>
10.      <input type="password" name=' password'  placeholder="密码"><br>
11.      <input type="submit" name="sumbit" value="登录">
12.   </form>
13. </body>
14. </html>
```

第 8~12 行在 form 表单中完成用户登录功能，用户输入用户名和密码后，单击"登录"按钮将用户输入信息通过 POST 方式提交至"login. php"文件进行处理。

Step04　保存文件后，通过浏览器访问"login. html"文件，运行结果如图 8-3 所示。

图 8-3　前端登录页面

Step05　在网站目录"D:\ phpstudy _ pro \ WWW \ PHPWeb \ project8 \"下新建名为"login. php"的文件。

Step06　编辑"login. php"文件,完成用户登录处理功能,实现对前端"login. html"文件传入 $_POST 数组的处理与验证,代码如下。

```php
1. <? php
2.   date_default_timezone_set(' Asia/shanghai' );   //设置时区
3.   $ u = isset( $_POST[' username' ])?  $_POST[' username' ]:null;
4.   $ p = isset( $_POST[' password' ])?  $_POST[' password' ]:null;
5.   function checkLogin( $ user, $ passwd){;
6.     if( $ user == ' admin'  &&  $ passwd == ' admin' ){
7.       return true;
8.     }else{
9.       return false;
10.    }
11.  }
12.  if(checkLogin( $ u, $ p)){
13.    header(' Location:admin. php' );
14.  }else{
15.    echo "<script>alert(' 用户名或密码错误' )</script>";
16.    echo "<script>window. location. href=' login. html' </script>";
17.    exit();
18.  }
19. ? >
```

第5~10行创建 checkLogin()自定义函数对用户名和密码进行判断,当用户名和密码都满足条件时(用户名和密码正确值为 admin, admin),函数返回 true,否则返回 false。

第12~18行对用户登录时传入参数进行流程判断,调用 checkLogin()自定义函数,返回 true 时直接跳转至"admin. php"文件,返回 false 时弹窗提示"用户名或密码错误"并跳转至前端登录页面"login. html"文件。

Step07　在网站目录"D:\ phpstudy _ pro \ WWW \ PHPWeb \ project8 \"下新建名为"admin. php"的文件。

Step08　编辑"admin. php"文件，完成用户登录功能并显示登录时间，模拟用户登录后的主页面，代码如下。

```
1. <? php
2.    echo "欢迎登录！您登录的时间是:". date(' Y-m-d G:i:s' );
3. ? >
```

Step09　功能验证。通过浏览器访问"login. html"文件，在登录表单中随意填写用户名和密码(与 admin 不同即可)，单击"登录"按钮后会弹出一个对话框，提示"用户名或密码错误"，如图 8-4 所示。单击"确定"按钮后会跳转至"login. html"文件，用户可以重新进行登录。

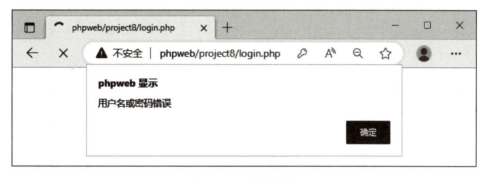

图 8-4　弹窗提示

Step10　功能验证。通过浏览器访问"login. html"文件，在登录表单中输入正确的用户名和密码(用户名、密码均为 admin)后会直接跳转至"admin. php"文件，并输出"欢迎登录!"及登录时间，如图 8-5 所示。"admin. php"文件是用户登录后的主页面，若用户未登录则不允许用户访问"admin. php"文件，跳过前端登录流程直接访问"admin. php"文件，得到类似图 8-5 的页面，产生此问题的原因是未采用 Cookie 会话管理方式验证用户会话。

图 8-5　登录成功进入主页面

Step11　编辑"login. php"文件，实现 Cookie 会话管理方式。处理用户登录过程中的相关操作，在保证正常登录功能的基础上，加入 Cookie 会话管理，代码如下。

```
1. <? php
2.   date_default_timezone_set(' Asia/shanghai' );   //设置时区
3.   $ u=isset( $_POST[' username' ])? $_POST[' username' ]:null;   //利用三目运算符对前端传入用户名参
数进行初始处理
4.   $ p=isset( $_POST[' password' ])? $_POST[' password' ]:null;
5.   if(checkLogin( $ u, $ p)){
6.     keepUser( $ u,true);
7.     header(' Location:admin. php' );   //跳转到"admin. php"文件
8.   }else{
9.     keepUser( $ u);
10.    echo "<script>alert(' 用户名或密码错误' )</script>";   //弹窗提示
11.    echo "<script>window. location. href=' login. html' </script>";   //跳转至登录页面
12.    exit(); //退出当前脚本
13.  }
14.  function checkLogin( $ user, $ passwd){
15.    if( $ user == ' admin' && $ passwd == ' admin' ){
16.      return true;
17.    }else{
18.      return false;
19.    }
20.  }
21.  function keepUser( $ user, $ flag = false){
22.    if( $ flag == true){
23.    setcookie(' user' , $ user,time()+60);   //若 $ flag 的值为 true 则设置 Cookie
24.    }else{
25.      setcookie(' user' , $ user,time()−1);   //* 若 $ flag 的值为 false 则删除 Cookie
26.    }
27.  }
28. ? >
```

第 21~27 行使用自定义函数 keepUser()，若传入参数 $ flag 为 true 则设置 Cookie，Cookie 的作用域设置为默认(即当前目录及子目录下有效)，若为 false 则删除 Cookie。

第 5~7 行验证用户名和密码是否输入正确，若输入正确则调用 keepUser()，设置 Cookie 并跳转至"admin. php"文件。

第 8~13 行在用户名和密码输入错误的情况下删除 Cookie 并弹窗提示，跳转至前端"login. html"文件。

Step12 继续编辑"admin. php"文件，实现 Cookie 会话管理方式。显示用户登录成功后的相应信息，模拟用户登录成功的功能。若用户未登录而直接访问"admin. php"文件，则进行提示并跳转到前端"login. html"文件，代码如下。

```
1. <? php
2.    if(! isset( $_COOKIE[' user' ])){     //检测 Cookie 值是否存在{
3.        echo "<script>alert(' 您还没有登录' )</script>";        //进行弹窗提示
4.        echo "<script>window. location. href=' login. html' </script>";      //跳转至前端登录文件
5.        exit();   //直接退出当前脚本
6.    }else{
7.        echo  $_COOKIE[' user' ];      //若携带 Cookie, 则打印 Cookie 信息
8.        echo "欢迎登录! 您登录的时间是:". date(' Y-m-d G:i:s' );
9.    }
10. ? >
```

第 2 行使用 isset()函数直接检测是否具备 cookie 信息, 若无 Cookie 信息则直接弹窗提示并跳转至前端"login. html"文件。

Step13　功能验证。在用户未登录状态下直接访问"admin. php"文件, 因为用户没有通过正确登录流程, 未获得 Cookie, 所示弹窗提示"您还没有登录", 如图 8-6 所示, 单击"确定"按钮后会跳转至"login. html"文件提示用户进行登录。

图 8-6　直接访问后端代码

Step14　功能验证。访问"login. html"文件, 正确输入用户名和密码(admin, admin) 登录后, 可直进入后端"admin. php"文件, 且会输出 $_COOKIE[' user']的值, 以及其他提示信息, 如图 8-7 所示。因为 Cookie 设置有效时间为 1 分钟, 所以登录后静置状态下 1 分钟后刷新浏览器, 页面会弹窗提示"您还没有登录", 如图 8-6 所示, 需要用户再次登录重新获取 Cookie。

图 8-7　登录成功

8.3.2 实现 Session 会话管理方式

具体操作步骤如下。

Step01 需求分析。

实现 Session 会话管理方式时，前端 "login1. html" 文件实现用户登录，后端 "dologin. php" 文件进行用户登录处理，后端 "admin1. php" 文件是用户登录后的主页面， "logout. php" 文件进行用户退出登录处理。

实现
session
会话管理

Step02 在网站目录 "D: \ phpstudy＿pro \ WWW \ PHPWeb \ project8 \" 下新建名为 "login1. html" 的文件。"login1. html" 文件使用 Cookie 会话管理方式实现 "login. html" 文件的主体内容。

Step03 编辑 "login1. html" 文件。在 "login. html" 文件的基础上将第 8 行 "action =' login. php' " 修改为 "action =' dologin. php' "。"login1. html" 文件代码如下。

```
1. <! DOCTYPE html>
2. <html>
3. <head>
4.     <meta charset="UTF-8">
5.     <title>登录</title>
6. </head>
7. <body>
8.     <form action=' dologin. php'  method=' post' >
9.         <input type="test" name=' username'  placeholder="用户名"><br>
10.        <input type="password" name=' password'  placeholder="密码"><br>
11.        <input type="submit" name="sumbit" value="登录">
12.    </form>
13. </body>
14. </html>
```

Step04 在网站目录 "D: \ phpstudy＿pro \ WWW \ PHPWeb \ project8 \" 下新建名为 "dologin. php" 的文件。

Step05 编辑 "dologin. php" 文件。Session 会话管理在使用时必须满足 "启动 Session→ 创建 Session→删除 Session" 的原则，进行 Session 会话管理的文件需要在文档开头利用 session_start()函数启动 Session，用户从前端传入的用户名和密码均正确时，创建 Session 对 象，并跳转至登录成功 "admin. php" 文件，若传入的用户名和密码不正确，则弹窗提示并跳 转到前端 "login. html" 文件。"dologin. php" 文件代码如下。

```
1. <? php
2.   session_start();
3.   date_default_timezone_set(' Asia/shanghai' );
4.    $ u＝isset( $_POST[' username' ])?  $_POST[' username' ]:null;
5.    $ p＝isset( $_POST[' password' ])?  $_POST[' password' ]:null;
6.   if( $ u ＝＝ ' admin' && $ p ＝＝ ' admin' ){
7.      $_SESSION[' user' ]＝time();
8.      header(' Location:admin1. php' );
9.   }else{
10.     echo "<script>alert(' 用户名或密码错误' )</script>";
11.     echo "<script>window. location. href=' login1. html' </script>";
12.     exit(); //退出当前脚本
13.   }
14. ? >
```

Step06　在网站目录"D:\phpstudy_pro\WWW\PHPWeb\project8\"下新建名为 "admin1. php"的文件。"admin1. php"文件使用 Cookie 会话管理方式实现"admin. php"文件 的主体内容。

Step07　编辑"admin1. php"文件。"admin1. php"文件用于显示用户登录成功后的相应 信息，检测用户是否登录，同时提供用户退出登录的链接。

Session 会话管理中只要涉及 Session 处理，就必须要使用 Session_start()函数启动 Session。检测用户是否登录，可利用 empty()函数检测 $_SESSION 数组中是否设置了相应 值，可以使用 href 标签给用户退出登录提示，用户单击"退出登录"按钮后直接跳转至 "logout. php"文件。

"admin1. php"文件代码如下。

```
1. <? php
2.   session_start();
3.   if(empty( $_SESSION[' user' ])){
4.      echo "<script>alert(' 未授权,请先登录' )</script>";
5.      echo "<script>window. location. href=' login. html' </script>";
6.      exit();
7. }else{
8.      echo "欢迎登录! 您登录的时间是:". date(' Y-m-d G:i:s' ). "</br>";
9.   }
10.   echo ' <a href="logout. php">退出登录</a>' ;
11. ? >
```

Step08　在网站目录"D:\phpstudy_pro\WWW\PHPWeb\project8\"下新建名为 "logout. php"的文件。

Step09 编辑"logout. php"文件。"logout. php"文件于实现用户退出操作,使用 Session_start()函数启动 Session 后,使用 session_destroy()函数销毁当前 Session,再利用 header()函数将页面跳转至前端"login. html"文件。"logout. php"文件代码如下。

```php
1. <? php
2.     session_start();
3.     session_destroy();   //销毁当前会话
4.     header(' Location:login1. html' );
5. ? >
```

Step10 功能验证。在用户未登录状态下通过浏览器直接访问"admin1. php"文件,因为用户没有通过正确登录流程,未获得 Session 对象,会弹窗提示"未授权,请先登录",如图 8-8 所示,单击"确定"按钮后会跳转至"login1. html"文件提示用户进行登录。

图 8-8　用户在未登录状态下访问后端主页

Step11 功能验证。通过浏览器访问"login1. html"文件,正确输入用户名和密码 (admin, admin)登录后可直进入后端"admin1. php"文件,页面会显示登录信息,如图 8-9 所示。

图 8-9　成功登录主页

Step12 功能验证。登录成功后 Session 存储路径"D:\phpstudy_pro\Extensions\tmp\tmp"下会自动生成之前设置的 Session 对象及值,如图 8-10 所示。

图 8-10　Session 文件存储

Step13　功能验证。登录成功后在"admin. php"文件页面单击"退出登录"按钮，"logout. php"文件会销毁当前 Session，立即跳转到前端"login. html"文件，且"D:\phpstudy_pro\Extensions\tmp\tmp"目录下的 Session 文件会被删除。

8.4　项目拓展

通过"项目实施"，读者已经基本掌握 PHP 会话管理相关知识点。请结合"项目实施"与项目 7"项目实施"的内容，完成用户登录功能，并将 Cookie 会话管理与 Session 会话管理融入用户登录功能。

具体操作步骤如下。

Step01　需求分析。

需要一个前端文件"login. html"作为用户登录表单，"verify. php"文件用于生成验证码，用户单击"登录"按钮后，由后端"dologin. php"文件处理前端传入的参数，"dologin. php"文件用于将用户传入参数与数据库中的内容进行对比。数据库中的内容采用项目 6"项目实施"中已经创建好的数据库内容，数据表 users 中存储了两条数据（admin，admin 和 root，root）。用户登录成功后显示页面"admin. php"文件，用户退出登录时由"logout. php"文件处理用户退出操作。本实例中使用的"dologin. php"文件参考项目 7"项目拓展"中的"dologin. php"文件，"admin. php"文件参考本项目"项目实施"中的"admin. php"与"admin1. php"文件。

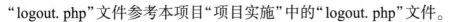

会话管理的
综合应用

"logout. php"文件参考本项目"项目实施"中的"logout. php"文件。

Step02　　为了避免与"项目实施"中的代码冲突，在网站目录"D:\phpstudy_pro\WWW\PHPWEB\project8\"下新建一个文件夹，文件夹名为"test"。

Step03　　在网站目录"D:\phpstudy_pro\WWW\PHPWEB\project8\test"下新建名为"verify. php"的文件，"verify. php"文件参照项目 7"项目拓展"中的"verify. php"文件。

Step04　　编辑"verify. phpl"文件。"verify. php"文件的主要功能是将为前端"login. html"文件提供验证码，并将验证码内容使用 Session 进行存储，代码如下。

```php
1.  <? php
2.  session_start();
3.  function randomText( $ length = 4){
4.      $ text = join(array_merge(range(' a' , ' z' ),range(' A' , ' Z' ),range(0, 9)));
5.      $ text = str_shuffle( $ text);
6.      $ text = substr( $ text,0, $ length);
7.      return $ text;
8.  }
9.  $ img = imagecreatetruecolor(110, 40);
10.  $ white = imagecolorallocate( $ img,255,255,255);
11.  imagefilledrectangle( $ img,0,0,110,40, $ white);
12.  $ dir = dirname(_FILE_);
13.  $ text = randomText();
14.  $_SESSION[' security' ]= $ text;
15.  $ i = 0;
16.  while( $ i < strlen( $ text)){
17.      $ size = mt_rand(20,30);
18.      $ angle = mt_rand(-15,30);
19.      $ x = 15 + $ i* mt_rand(20,25);
20.      $ y = mt_rand(30,35);
21.      $ color =imagecolorallocate( $ img,mt_rand(0,255),mt_rand(0,255),mt_rand(0,255));
22.      imagettftext( $ img, $ size, $ angle, $ x, $ y, $ color, $ dir. '/' . ' comicbd. ttf' , $ text[ $ i]);
23.      $ i++;
24.  }
25.  $ j = 0;
26.  while( $ j < 4){
27.      $ x1 = mt_rand(0,110);
28.      $ y1 = mt_rand(0,30);
29.      $ x2 = mt_rand(0,110);
30.      $ y2 = mt_rand(0,30);
31.      $ color =imagecolorallocate( $ img,mt_rand(0,255),mt_rand(0,255),mt_rand(0,255));
32.      imageline( $ img, $ x1, $ y1, $ x2, $ y2, $ color);
```

```
33.      $ j++;
34.    }
35.    header(' Content-Type:image/jpeg' );
36.    imagejpeg( $ img);
37. ? >
```

第 14 行将验证码字符串赋给了 Session 变量。

Step05　在网站目录"D:\phpstudy_pro\WWW\PHPWEB\project8\test"下新建名为 "login. html"的文件，"login. html"文件参照项目 7"项目拓展"中的"login. html"文件。

Step06　编辑"login. html"文件，代码如下。

```
1. <! DOCTYPE html>
2. <html>
3. <head>
4.    <meta charset="UTF-8">
5.    <title>欢迎登录</title>
6. </head>
7. <body>
8.    <form action=' dologin. php'  method=' post' >
9.      <input type="test" name=' username'  placeholder="用户名"><br>
10.      <input type="password" name=' password'  placeholder="密码"><br>
11.      <input type="text" name="verify" placeholder="验证码">
12.      <img src = "verify. php"><br>
13.      <input type="submit" name="sumbit" value="登录">
14.    </form>
15. </body>
16. </html>
```

Step07　在网站目录"D:\phpstudy_pro\WWW\PHPWEB\project8\test"下新建名为 "dologin. php"的文件。"dologin. php"文件参照项目 7"项目拓展"中的"dologin. php"文件。

Step08　编辑"dologin. php"文件，代码如下。

```
1. <? php
2.    session_start();
3.    $ u = isset( $_POST[' username' ])?  $_POST[' username' ]:null;
4.    $ p = isset( $_POST[' password' ])?  $_POST[' password' ]:null;
5.    $ ver = isset( $_POST[' verify' ])?  $_POST[' verify' ]:null;
6.    if( $ u == null ||  $ p == null){
7.      echo "<script>alert(' 用户名或密码为空' )</script>";
8.      echo "<script>window. location. href=' login. html' </script>";
```

```
9.      exit();
10.     }elseif( $ ver! == $_SESSION[' verify' ]){
11.       echo "<script>alert(' 验证码错误' )</script>";
12.       echo "<script>window. location. href=' login. html' </script>";
13.       exit();
14.     }elseif(checklogin_sql( $ u, $ p)){
15.       keepUser( $ u,true);
16.       header(' Location:admin. php' );
17.     }else{
18.       keepUser( $ u);
19.       echo "<script>alert(' 用户名或密码错误' )</script>";
20.       echo "<script>window. location. href=' login. html' </script>";
21.       exit();
22.     }
23.     function checklogin_sql( $ a, $ b){
24.        $ con = mysqli_connect(' 127. 0. 0. 1' ,' root' ,' root' ,' phptest' );
25.       if(! $ con){
26.          exit(' 数据库连接失败:'. mysqli_connect_error( $ con));
27.       }
28.        $ sql = "select *  from users where username=' { $ a}'  and password =' { $ b}' ";
29.        $ row = mysqli_query( $ con, $ sql);
30.        $ res = mysqli_fetch_array( $ row);
31.       if( $ res){
32.         return true;
33.       }else{
34.         return false;
35.       }
36.     }
37.     function keepUser( $ user, $ flag = false){
38.       if( $ flag == true){
39.         setcookie(' user' , $ user,time()+60);    //若 $ flag 的值为 true 设置 Cookie
40.       }else{
41.         setcookie(' user' , $ user,time()-1);       //* 若 $ flag 的值为 false 则删除 Cookie
42.       }
43.     }
44. ? >
```

第 37~43 行使用自定义函数 keepUser( ),若传入参数 $ flag 为 true 则设置 Cookie,Cookie 的作用域设置为默认(即在当前目录及子目录下有效),若为 false 则删除 Cookie。

第 6~9 行完成对用户输入的用户名和密码是否为空进行验证,若为空则弹窗提示并跳转至前端"login. html"文件,不为空时执行后续代码。

第 10~13 行对前端传入验证码进行判断,与保存至服务器的 Session 文件内容不同时弹窗提示,并跳转至前端"login. html"文件。

第 14~16 行通过调用 checklogin_sql() 函数对用户输入的用户名和密码进行验证，函数返回 true 时，调用 keepUser() 函数设置 Cookie，并跳转至后端"admin. php"文件。

第 17~22 行在不满足上述所有条件时，调用 keepUser() 函数清除 Cookie，同时弹窗提示并跳转至前端"login. html"文件。

Step09　在网站目录"D:\phpstudy_pro\WWW\PHPWEB\project8\test"下新建名为"admin. php"的文件。"admin. php"文件为后端用户登录后的主页页面，用户在未登录状态下不允许直接访问该文件。"admin. php"文件采用 Cookie 与 Session 共同认证的方式，对用户是否登录进行双认证验证，双认证能够极大地增强网站的安全性。

Step10　编辑"admin. php"文件，代码如下。

```php
1. <? php
2.   session_start();
3.   if(! isset( $_COOKIE[' user' ])){      //检测是否设置 Cookie 值{
4.     echo "<script>alert(' 您还没有登录' )</script>";      //进行弹窗提示
5.     echo "<script>window. location. href=' login. html' </script>";      //跳转至前端登录文件
6.     exit();   //直接退出当前脚本
7.   }elseif(empty( $_SESSION[' verify' ])){
8.     echo "<script>alert(' 未授权,请先登录' )</script>";
9.     echo "<script>window. location. href=' login. html' </script>";
10.     exit();
11.   }else{
12.     echo $_COOKIE[' user' ];      //若携带 Cookie,则打印 Cookie 信息
13.     echo "欢迎登录! 您登录的时间是:". date(' Y-m-d G:i:s' ). "</br>";
14.   }
15.   echo ' <a href="logout. php">退出登录</a>' ;
16. ? >
```

第 3~6 行对 Cookie 是否生效进行验证。

第 7~10 行对 Session 内容是否为空进行验证。

第 15 行提供用户退出功能。

Step11　在网站目录"D:\phpstudy_pro\WWW\PHPWEB\project8\test"下新建名为"logout. php"的文件，"logout. php"文件提供了用户退出功能，该文件中删除 Session 后服务器存储的 Session 内容即被删除。

Step12　编辑"logout. php"文件，代码如下。

```php
1. <? php
2.   session_start();
3.   session_destroy();   //销毁当前 Session
4.   header(' Location:login. html' );
5. ? >
```

Step13 功能验证。在用户未登录状态下通过浏览器访问"admin. php"文件，会弹窗提示"您还没有登录"，单击"确定"按钮后跳转至前端"login. html"文件，如图 8-11 所示。

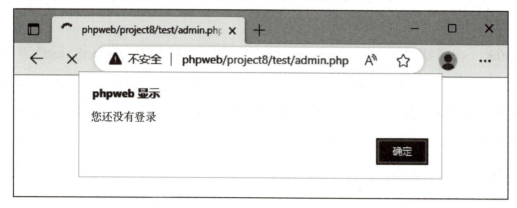

图 8-11　访问"admin. php"文件结果

Step14 功能验证。输入正确的用户名、密码（admin:admin 或 root:root）和验证码（这里代码实现中验证码区分大小写字母），单击"登录"按钮后跳转至"admin. php"文件，页面输出登录相关信息，如图 8-12 所示。

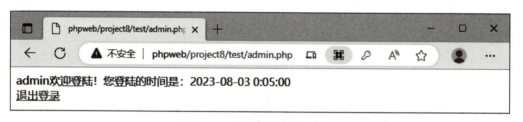

图 8-12　登录成功页面显示

Step15 功能验证。在用户登录状态下，新建浏览器标签，直接访问"admin. php"文件，访问结果如图 8-12 所示。

Step16 功能验证。在用户登录状态下，通过浏览器访问"admin. php"文件，单击"退出登录"按钮后会直接跳转至前端"login. html"文件，此时网站处于用户未登录状态。

Step17 功能验证。通过浏览器访问"login. html"文件，当输入的用户名和密码任意一个为空时，单击"登录"按钮后会弹窗提示"用户名或密码为空"，单击"确定"按钮后，跳转至前端"login. html"文件，如图 8-13 所示。

图 8-13　用户名或密码为空

Step18　功能验证。通过浏览器访问"login. html"文件，在输入用户名和密码后，输入错误的验证码，单击"登录"按钮后会弹窗提示"验证码错误"，单击"确定"按钮后，跳转至前端"login. html"文件。

Step19　功能验证。通过浏览器访问"login. html"文件，输入错误的用户名或密码，输入正确的验证码，单击"登录"按钮后会弹窗提示"用户名或密码错误"，单击"确定"按钮后，跳转至前端"login. html"文件。

8.5　项目小结

通过本项目的学习，读者能描述 PHP 时区设置、Cookie 和 Session 的认证过程及类型；能归纳时间函数、格式化日期函数的用法，以及 Cookie 和 Session 的创建、读取、删除等方法。通过"项目实施"的学习，读者能掌握 Cookie 会话管理和 Session 会话管理。通过"项目拓展"的学习，读者能将 Cookie 会话管理与 Session 会话管理融入用户登录功能。本项目知识小结如图 8-14 所示。

图 8-14　项目 8 项目小结

8.6　知识巩固

一、单选题

1. 启动 Session 的函数是(　　　)。

A. session_init()　　　　B. session_unset()　　　　C. session_start()　　　　D. session_destroy()

2. 设置 $ session["user"] = "XiaoAn"，注销 Session，以下哪一个不正确？(　　　)

A. session_destory　　　　　　　　　　　B. destory()

C. $_SESSION = array()　　　　　　　　　D. unset($_SESSION $ ["user"])

3. 在默认情况下，PHP 把 Session 数据存储在(　　　)中。

A. 文件系统　　　　B. 虚拟内容　　　　C. 数据库　　　　D. 共享内存

4. 返回当前时间的函数是(　　　)。

A. date_default_timezone_set()　　　　　B. time()

C. date_default_timezone_get()　　　　　D. date()

5. PHP 中输出当前时间格式(如 "2016-5-6 13:10:56")的是(　　　)。

A. echo date("Y-m-d H:i:s");　　　　　　B. echo time();

C. echo date();　　　　　　　　　　　　D. echo time("Y-m-d H:i:s");

6. PHP 用于存储用户 Session 信息的超级全局变量是(　　　)。

A. $_GET　　　　B. $_POST　　　　C. $_FILES　　　　D. $_SESSION

7. 在 PHP 中用于存储 Cookie 数据的超级全局变量是(　　　)。

A. $_COOKIES　　B. $_GETCOOKIES　C. $_GETCOOKIE　D. $_COOKIE

8. 用户第一次访问服务器时，服务器会在响应消息中增加(　　　)头字段，并将信息发送给浏览器。

A. SetCookie　　　　B. Cookie　　　　C. Set-Cookie　　　　D. 以上选项都不对

9. 下面代码的运行结果为(　　　)。

```php
<? php
session_start();
$_SESSION[' test' ]= 42;
$ test=43;
echo $_SESSION[' test];
? >
```

A. 42　　　　　　B. 43　　　　　　C. 4243　　　　　　D. 85

10. 下列代码的运行结果为(　　　　)。

```php
<? php
  setcookie("admin","beijing");
  echo  $_COOKIE[' admin' ];
? >
```

A. beijing   B. "beijing"   C. admin   D. 以上选项都不对

二、多选题

1. 关于 PHP 中 Session 的说法中错误的是(　　　　)。

A. Session 适用于实现用户登录功能

B. Session 通常存储在浏览器中，因此容易被黑客盗取

C. Session 可以通过 $_SESSION 变量读写

D. Session 在 PHP 中可以当作数据库使用，例如存放用户注册信息

2. 关于 Cookie 的说法中错误的是(　　　　)。

A. setcookie()函数可以创建 Cookie   B. 大量 Cookie 文件会导致硬盘崩溃

C. Cookie 不允许跨域访问   D. Cookie 和 Session 没有关系

3. 关于 Session 和 Cookie 的区别的说法中正确的是(　　　　)。

A. 在设置 Session 和 Cookie 时不能有输出

B. Cookie 是客户端技术，Session 是服务端技术

C. 在使用 Cookie 前应使用 cookie_start()函数初始化

D. Session 和 Cookie 都可以记录数据状态

4. 关于 Cookie 的说法中正确的是(　　　　)。

A. setcookie()函数可以用来创建 Cookie   B. 大量 Cookie 文件会导致硬盘崩溃

C. Cookie 用于记录用户的信息   D. Cookie 不允许跨域访问

5. 关于下面代码运行结果的说法中错误的是(　　　　)。

```php
<? php
  echo "北京";
  session_start();
  $_SESSION[' press' ]=' 理工大学出版社' ;
  print_r( $_SESSION[' press' ]);
? >
```

A. 北京   B. 理工大学出版社

C. 北京理工大学出版社   D. 程序会报错

三、判断题

1. 如果在 PHP 中使用了 Session，就无法同时使用 Cookie。   (　　　)

2. setcookie()函数既可以创建 Cookie，也可以删除 Cookie。   (　　　)

3. 执行"setcookie("name","abc", time()+7200)"后该 Cookie 的有效期为 2 小时。（　　）

4. Session 将信息保存在服务器中，并通过一个 Session ID 传递客户端的信息。（　　）

5. Cookie 将信息以文本文件的形式保存在服务器中，并由浏览器进行管理和维护。
（　　）

8.7　实战强化

阅读下列说明，参照图示效果，完成购物车实例中(1)～(12)处代码的编写。

1. 说明

(1)数据库信息。继续在数据库 phptest 中创建数据表 shop，其结构如图 8-15 所示。

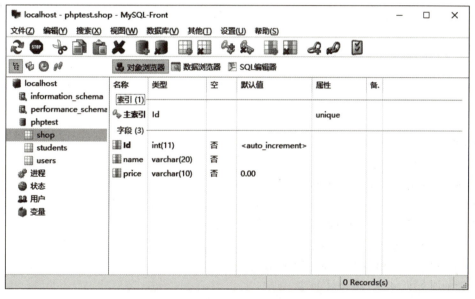

图 8-15　数据表 shop 的结构

（2）创建"goodsList. php"文件，完成商品列表页面，效果如图 8-16 所示。如果第一次购买某商品，则在购物车中加入该商品信息并计算总价，如果再次单击"购买"链接，则已购商品数量加 1，总价重新计算。单击"查看购物车"链接可以跳转到购物车页面。

（3）创建"buy. php"文件，完成购买功能，再次跳转到商品列表页面。主要在 Session 中处理购买商品操作。

（4）创建"shoppingCart. php"文件，用于展示购物车中的商品、价格、总价等信息。效果如图 8-17 所示。

2. 效果

商品列表页效果如图 8-16 所示，购物车页面效果如图 8-17 所示。

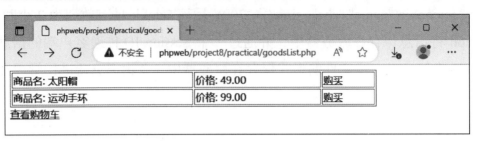

图 8-16　商品列表页面效果

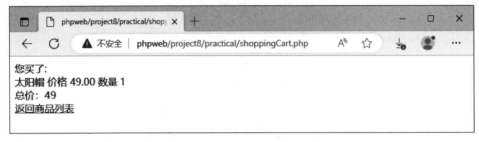

图 8-17　购物车页面效果

3. 购物车实例代码

（1）商品列表页面："goodsList. php"文件代码如下。

```php
1. <? php
2.    $ goods = array();
3.    //从数据库获取商品信息存入 $ goods 二维数组
4.    $ i = 0;
5.    //这里连接数据库信息
6.    $ conn = mysqli_connect(' localhost' ,' root' ,' root' ,'____(1)____');
7.    $ res = ____(2)____( $ conn,' select *  from ____(3)____');
8.    //这里把商品信息放到 $ goods 二维数组,每一维存的是单个
9.    //商品的信息,比如商品名、价格。
10.   while ( $ row = mysqli_fetch_assoc( $ res)) {
11.       $ goods[ $ i][' id' ] = $ row[' id' ];
12.       $ goods[ $ i][' name' ] = $ row[' name' ];
13.       $ goods[ $ i][' price' ] = $ row[' price' ];
14.       $ i++ ;
15.   }
16. ? >
17. <! DOCTYPE html>
18. <html>
19. <head>
20.    <meta http-equiv="Content-Type" content="text/html;charset=utf-8">
21. </head>
22. <body>
23.    <? php
24.       //取出商品信息显示在页面上,并添加购买功能
```

```
25.    echo ' <table width="600px" border="1">';
26.    foreach (____(4)____ as $ value) {
27.      echo "<tr>";
28.      echo ' <td> 商品名:' .____(5)____['name'] . '</td><td>价格:' .____(6)____['price'];
29.      echo "</td><td><a href=buy.php? name=" . $ value['name'] . '&price=' . $ value['price'] . ">购
买</a></td>";
30.      echo ' </tr>';
31.    }
32.    echo ' </table>';
33.    ? >
34.    <a href="____(7)____.php">查看购物车</a>
35. </body>
36. </html>
```

（2）商品购买页面："buy.php"文件代码如下。

```
1.  <? php
2.  //开启 session
3.  ____(8)____();
4.  //获取传过来的商品名和价格
5.   $ name = $_GET['name'];
6.   $ price = $_GET['price'];
7.  //把 Session 中的商品信息和传过来的(刚买的)商品信息对比
8.   $ goods = ____(9)____['goods'];
9.  if ( $ name == $ goods[ $ name]['name']) {
10.   //若购买过,则总价格增加,相应商品数量增加
11.     $_SESSION['totalPrice'] += $ price;
12.     $ goods[ $ name]['number'] += 1;
13. }else {
14.   //若第一次购买,则将相应的商品信息添加到 Session 中
15.     $ goods[ $ name]['name'] = $ name;
16.     $ goods[ $ name]['price'] = $ price;
17.     $ goods[ $ name]['number'] += 1;
18.     $_SESSION['totalPrice'] += $ price;
19. }
20.   ____(10)____['goods'] = $ goods;
21. //购买处理完毕后跳转到商品列表页面
22. header('location: goodsList.php');
23. ? >
```

（3）商品信息页面："shoppingCart.php"文件代码如下。

```
1. <html>
2. <head>
3.   <meta http-equiv="Content-Type" content="text/html;charset=utf-8">
4. </head>
```

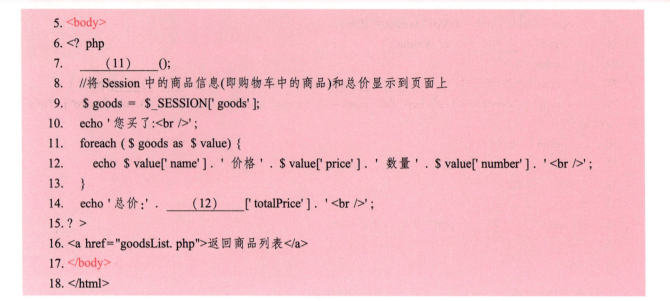

```php
5.  <body>
6.  <? php
7.  _____(11)_____();
8.  //将 Session 中的商品信息(即购物车中的商品)和总价显示到页面上
9.   $ goods = $_SESSION[' goods' ];
10.  echo '您买了:<br />';
11.  foreach ( $ goods as $ value) {
12.    echo $ value['name'] . '价格' . $ value['price'] . '数量' . $ value['number'] . '<br />';
13.  }
14.  echo '总价:' . _____(12)_____[' totalPrice' ] . '<br />';
15. ? >
16. <a href="goodsList. php">返回商品列表</a>
17. </body>
18. </html>
```

项目 9

后台管理系统介绍及数据库规划

9.1　项目描述

项目 8 介绍了使用 PHP 语句控制 Cookie 会话管理与 Session 会话管理的方法。本项目用 PHP 代码实现电子商务后台管理系统，对后台管理系统进行介绍并完成数据库规划。

本项目学习要点如下。

(1)后台管理系统。

(2)设计数据库。

(3)构造 SQL 语句。

(4)创建数据库和数据表。

9.2 知识准备

9.2.1 后台管理系统

电子商务后台管理系统分为登录系统和管理系统。本项目及后续项目主要实现电子商务后台管理系统整体后端 PHP 文件的编写，前端基础文件已经编写完成，可直接扫码下载获取网站源代码压缩包（实例位置：资源包\实验源码\project9\EC. zip）。

1. 功能结构

后台管理系统的功能结构如图 9-1 所示。

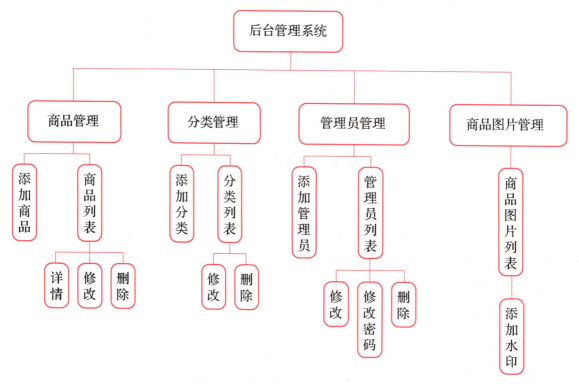

图 9-1 后台管理系统的功能结构

2. 后台管理系统搭建

下载源代码后使用 phpStudy 进行 Web 站点的搭建，具体步骤如下。

（1）将"EC. zip"文件复制到 phpStudy 网站根目录"D:\phpstudy_pro\WWW"下，并解压至当前目录下，如图 9-2 所示。

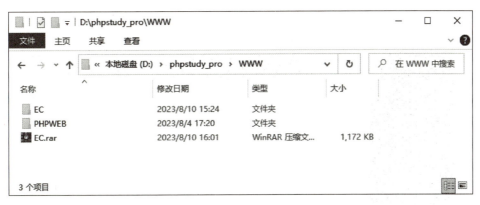

图 9-2　将源代码复制到网站根目录下

（2）打开 phpStudy"首页"页面，在 Apache2.4.39 及 MySQL5.7.26 的右侧单击"启动"按钮，启动 Apache 与 MySQL 服务。

（3）在 phpStudy"网站"页面中单击"创建网站"按钮，在弹出的"网站"对话框"基本配置"选项卡中输入网站配置信息，创建"www.ec.com"网站，如图 9-3 所示，单击"确定"按钮后可成功创建网站。

注意：根目录一定要选择"D:\phpstudy_pro\WWW\EC"。

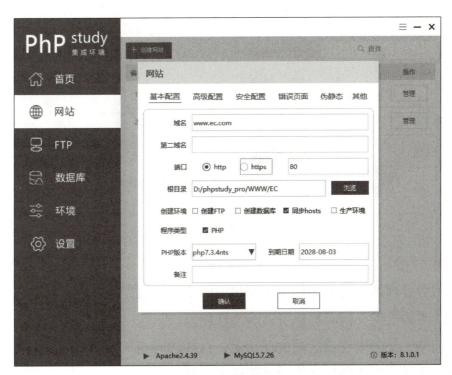

图 9-3　网站基础配置

（4）打开浏览器，在地址栏输入"www.ec.com/index.php"，如果能够正常显示图 9-4 所示的页面，表示网站创建成功。

（5）打开浏览器，在地址栏输入"www.ec.com/login.php"，显示管理员登录界面，如图 9-5 所示。

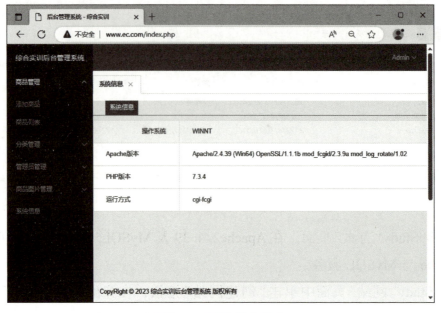

图 9-4　网站创建成功

图 9-5　管理员登录界面

3. 前端文件介绍

电子商务后台管理系统前端文件在资源包中已全部编写完成，主要功能是显示电子商务后台管理系统的整体框架，同时提供了后端文件接口。

注：所有前端文件因未完成后端处理功能，直接访问或单击访问时部分文件可能报错或功能显示不全，完成后端代码后功能及页面可正常显示。

1）后台登录文件

"login. php"文件为后台登录系统主页面，管理员通过本文件登录后台管理系统。后台登录文件验证用户名、密码、验证码，同时具备自动登录功能，如图 9-5 所示。

2）默认首页文件

"index. php"文件为后台管理系统默认主页面。如图 9-4 所示，"index. php"文件的主要功能是将后台管理系统整体框架在浏览器中进行显示，同时为后端功能实现提供接口。

3）系统信息文件

"main. php"文件的主要功能是显示系统信息。在"index. php"文件的第 25 行进行了引用，访问默认主页面，显示"系统信息"，如图 9-6 所示。

图 9-6　"main. php"文件功能

4）添加商品文件

"addPro. php"文件的主要功能是在添加商品参数时提供可视化交互，并为后端功能实现提供接口。在"index. php"文件的第 37 行进行了引用，如图 9-7 所示。

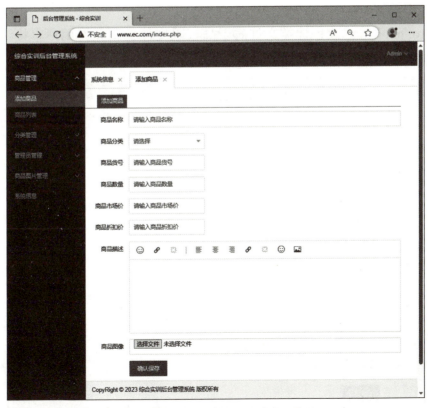

图 9-7　"addPro. php"文件功能

5）商品列表文件

"listPro. php"文件的主要功能完成商品列表中的商品基础信息显示，同时提供"详情" "修改""删除"功能接口。在"index. php"文件的第 38 行进行了引用，如图 9-8 所示。

图 9-8 "listPro. php"文件功能

6）修改商品文件

"editPro. php"文件的主要功能是在修改商品时提供可视化引导，并为后端功能实现提供接口。在"listPro. php"文件的第 74 行与 159 行进行了引用，在商品列表处单击"修改"按钮可跳转至"editPro. php"文件。因后端 PHP 文件及数据库建设未完成，所以目前无法直接单击"修改"按钮跳转。通过浏览器直接访问"editPro. php"文件，可看到修改商品可视化引导界面，如图 9-9 所示。

注："editPro. php"等修改创建类文件属于高权限文件，不允许用户直接访问，完成网站会话管理后可解决用户能够直接访问的问题。

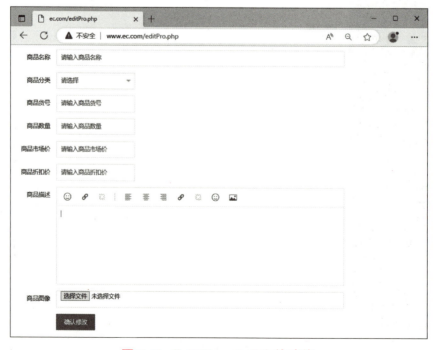

图 9-9 "editPro. php"文件功能

7）添加分类文件

"addCate. php"文件的主要功能是在添加分类时提供参数可视化引导，并为后端功能实现提供接口。在"index. php"文件的第 44 行进行了引用，如图 9-10 所示。

图 9-10　"addCate. php"文件功能

8）分类显示文件

"listCate. php"文件的主要功能是完成分类基础信息显示，同时提供"修改""删除"功能接口。在"index. php"的第 45 行进行了引用，如图 9-11 所示。

图 9-11　"listCate. php"文件功能

9）修改分类文件

"editCate. php"文件的主要功能是提供修改分类可视化引导，并为后端功能实现提供接口。在"listCate. php"文件的第 32 行与 47 行进行了引用。在分类列表处单击"修改"按钮可跳转至"editCate. php"文件。因为后端 PHP 文件及数据库建设未完成，所以目前无法直接单击"修改"按钮跳转。通过浏览器直接访问"editCate. php"文件，可看到修改分类可视化引导界面，如图 9-12 所示。

图 9-12 "editCate. php"文件功能

10）添加管理员文件

"addAdmin. php"文件的主要功能是在添加管理员时提供参数可视化引导，并为后端功能实现提供接口。在"index. php"的第 51 行进行了引用，如图 9-13 所示。

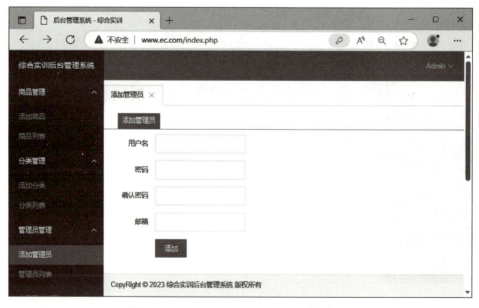

图 9-13 "addAdmin. php"文件功能

11）显示管理员文件

"listAdmin. php"文件的主要功能是完成管理员列表中的管理员信息显示，同时提供"修改""修改密码""删除"功能接口。在"index. php"的第 52 行进行了引用，如图 9-14 所示。

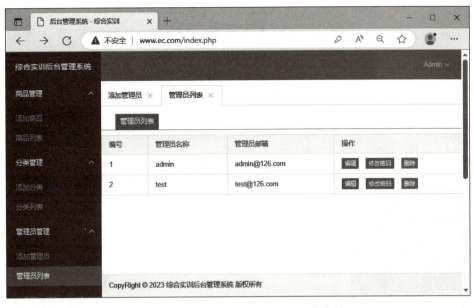

图 9-14　"listAdmin. php"文件功能

12）修改管理员文件

"editAdmin. php"文件的主要功能是提供修改管理员可视化引导，并为后端功能实现提供接口。在"listAdmin. php"文件的第 32 行与 44 行进行了引用。在管理员列表处单击"修改"按钮可跳转至"editAdmin. php"文件。因为后端 PHP 文件及数据库建设未完成，所以目前无法直接单击"修改"按钮跳转。通过浏览器直接访问"editAdmin. php"文件，可看到修改管理员可视化引导界面，如图 9-15 所示。

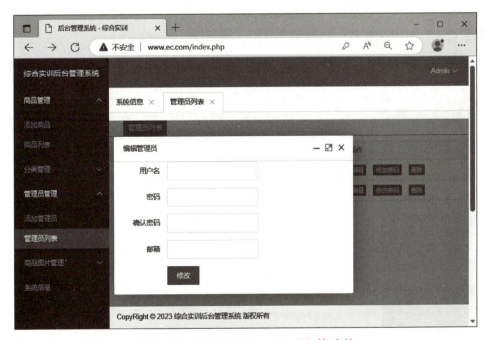

图 9-15　"editAdmin. php"文件功能

13）修改密码文件

"editPassword. php"文件的主要功能是提供修改管理员密码可视化引导，并为后端功能实现提供接口。在"listAdmin. php"文件的第 32 行与 46 行进行了引用，在管理员列表处单击"修改密码"按钮可跳转至"editPassword. php"文件。因为后端 PHP 文件及数据库建设未完成，所以目前无法直接单击"修改"按钮跳转。通过浏览器直接访问"editPassword. php"文件，可看到修改管理员密码可视化引导界面，如图 9-16 所示。

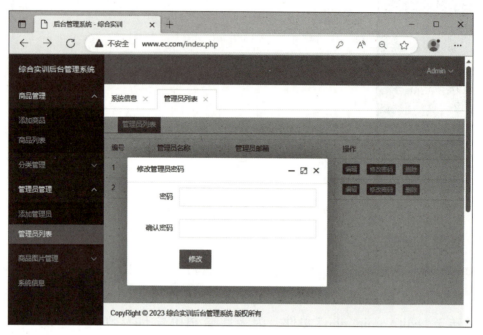

图 9-16 "editPassword. php"文件功能

14）图片信息显示文件

"listProImages. php"文件的主要功能是完成图片信息显示，同时提供"添加水印"功能接口。在"index. php"文件的第 59 行进行了引用，如图 9-17 所示。

图 9-17 "listProImages. php"文件功能

4. 网站目录介绍

整个网站根目录"D:＼phpstudy_pro＼WWW＼EC"下有 3 个文件夹，分别是"plugins"

"scripts"和"styles"。"plugins"和"scripts"文件夹存储 JS 文件，"styles"文件夹存储 CSS 文件。这 3 个文件夹均存储前端文件引用的页面渲染文件，在后续代码编写过程中，不用操作这 3 个文件夹。

9.2.2　数据库设计

电子商务后台管理系统最核心的功能是对数据的操作与使用。在开发过程中一定要先完成数据库设计与实现，然后实现对应的功能模块。

1. 数据库

电子商务后台管理系统数据库名为"ecdb"，有 4 个数据表存储后台管理系统中的所有数据，分别是管理员表"ecdb_admin"、分类表"ecdb_cate"、商品表"ecdb_pro"、相册表"ecdb_img"。下面分别创建这 4 个数据表。

2. 管理员表

管理员表"ecdb_admin"主要存储用户登录时的用户名和密码等数据。配合"addAdmin.php""listAdmin.php""editPassword.php"3 个文件实现管理员管理模块的添加、显示、修改等功能。

从添加管理员前端"addAdmin.php"文件得出管理员表"ecdb_admin"至少具备存储用户名、用户密码、用户邮箱功能。"ecdb_admin"表的字段及属性如表 9-1 所示。

表 9-1　管理员表"ecdb_admin"的字段及属性

字段名称	数据类型	默认值	允许非空	自动递增	备注
id	tinyint unsigned		NO	YES	主键
userName	varchar(30)		NO		管理员名称，唯一
passWord	varchar(32)		NO		管理员密码
email	varchar(60)		NO		邮箱

3. 分类表

分类表"ecdb_cate"主要支撑后台管理系统中分类管理模块功能的实现，及商品模块管理中商品分类功能的实现。从添加分类前端"addCate.php"文件得出分类表"ecdb_cate"至少具备存储分类名称功能。分类表"ecdb_cate"的字段及属性如表 9-2 所示。

表 9-2　分类表"ecdb_cate"的字段及属性

字段名称	数据类型	默认值	允许非空	自动递增	备注
id	int unsigned		NO	YES	主键
cName	varchar(30)		NO		分类名称

4. 商品表

商品表"ecdb_pro"主要支撑后台管理系统中商品管理模块功能的实现。从添加商品前端"addPro. php"文件得出商品表"ecdb_pro"至少具备存储商品名称、商品所属分类 ID、商品货号、商品库存、市场价、折扣价、商品简介、商品上架时间、商品是否上架、商品是否热卖功能。商品表"ecdb_pro"的字段及属性如表 9-3 所示。

表 9-3　商品表"ecdb_pro"的字段及属性

字段名称	数据类型	默认值	允许非空	字段递增	备注
id	smallint unsigned		NO	YES	主键
pName	varchar(255)		NO		商品名称
cId	int unsigned		NO		商品所属分类 ID
pSn	varchar(50)		NO		商品货号
pNum	int unsigned	0	NO		商品库存
mPrice	decimal(10, 2)		NO		市场价
iPrice	decimal(10, 2)		NO		折扣价
pDesc	mediumtext		NO		商品简介
pubTime	int unsigned		NO		商品上架时间
isShow	tinyint(1)	1	NO		商品是否上架
isHot	tinyint(1)	0	NO		商品是否热卖

5. 相册表

相册表"ecdb_img"主要支撑后台管理系统中商品图片管理模块功能的实现。从添加商品前端"addPro. php"文件得出"ecdb_img"表至少具备存储商品图片、图片对应商品 ID 功能。相册表"ecdb_pro"的字段及属性如表 9-4 所示。

表 9-4　相册表"ecdb_img"的字段及属性

字段名称	数据类型	默认值	允许非空	字段递增	备注
id	int unsigned		NO	YES	主键
pId	int unsigned		NO		对应商品(与商品表关联)
imgPath	varchar(50)		NO		商品图片

9.3　项目实施

使用本项目"知识准备"中的知识点并结合项目 6 完成下述操作。

（1）使用命令连接的方式完成数据库"ecdb"的创建。

（2）使用命令连接的方式结合"知识准备"中的数据库设计，完成数据表"ecdb_admin""ecdb_cate""ecdb_pro""ecdb_img"的创建。

（3）使用命令连接的方式向数据表"ecdb_admin"中插入用户名为"admin"、密码为"admin"、使用 MD5 加密的密文。

（4）将前 3 项操作中使用的 SQL 命令整理为"ecdb.sql"文件并存储在"www.ec.com"网站根目录下的"data"文件夹中。

具体操作步骤如下。

Step01　打开 phpStudy 软件，在面板"首页"页面 MySQL5.7.26 的右侧单击"启动"按钮，启动 MySQL 服务。

搭建后台数据库（1）

Step02　按"Win+R"组合键打开命令运行框，在命令运行框中输入"cmd"，按 Enter 键打开命令提示符窗口。

Step03　在打开的命令提示符窗口中输入"mysql -uroot -proot"命令，按 Enter 键后进入数据库，如图 9-18 所示。

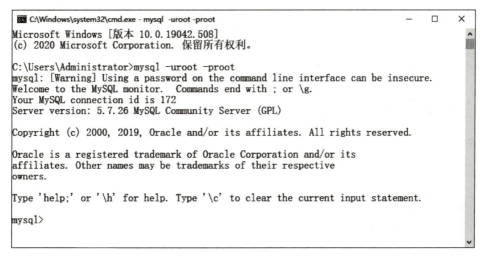

图 9-18　进入数据库

Step04　输入 "create database if not exists ecdb;" 命令，按 Enter 键后创建数据库 "ecdb"，如图 9–19 所示。

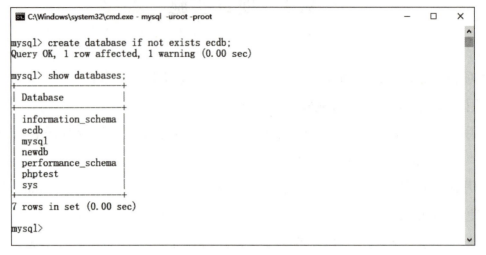

图 9–19　创建数据库 "ecdb"

Step05　使用 "use ecdb;" 命令，进入数据库 "ecdb"。继续输入下列 SQL 语句，创建数据表 "ecdb_admin"，运行结果如图 9–20 所示。

```
1. create table ecdb_admin(
2. id tinyint unsigned not null auto_increment,
3. userNamevarchar(30)   not null unique,
4. passWord   varchar(32)   not null,
5. emailvarchar(60) not null,
6. primarykey(id)
7. );
```

```
C:\Windows\system32\cmd.exe - mysql  -uroot -proot          —   □   ×
mysql> use ecdb;
Database changed
mysql> create table ecdb_admin(
    -> id tinyint unsigned not null auto_increment,
    -> userName varchar(30)  not null unique,
    -> passWord  varchar(32)  not null,
    -> email varchar(60) not null,
    -> primary key(id)
    -> );
Query OK, 0 rows affected (0.14 sec)

mysql> show tables;
+----------------+
| Tables_in_ecdb |
+----------------+
| ecdb_admin     |
+----------------+
1 row in set (0.00 sec)

mysql>
```

图 9–20　创建数据表 "ecdb_ admin"

Step06 继续输入下列 SQL 语句，创建数据表"ecdb_cate"，运行结果如图 9-21 所示。

1. create table ecdb_cate(
2. id int unsigned not null auto_increment,
3. cNamevarchar(30) not null,
4. primarykey(id)
5.);

```
C:\Windows\system32\cmd.exe - mysql  -uroot -proot                    —   □   ×
mysql>
mysql> create table ecdb_cate(
    -> id int unsigned not null auto_increment,
    -> cName varchar(30) not null,
    -> primary key(id)
    -> );
Query OK, 0 rows affected (0.12 sec)

mysql> show tables;
+----------------+
| Tables_in_ecdb |
+----------------+
| ecdb_admin     |
| ecdb_cate      |
+----------------+
2 rows in set (0.00 sec)

mysql>
```

图 9-21 创建数据表"ecdb_cate"

Step07 继续输入下述 SQL 语句，创建数据表"ecdb_pro"，运行结果如图 9-22 所示。

1. create table ecdb_pro(
2. id smallint unsigned   not null auto_increment,
3. pNamevarchar(255) not null,
4. cIdint unsigned not null,
5. pSnvarchar(50) not null,
6. pNumint unsigned not null   default 0,
7. mPricedecimal(10,2)   not null,
8. iPricedecimal(10,2) not null,
9. pDesc mediumtextnot null,
10. pubTimeint unsigned not null,
11. isShowtinyint(1) not null default 1,
12. isHottinyint(1)   not null default 0,
13. primarykey(id)
14.);

```
C:\Windows\system32\cmd.exe - mysql -uroot -proot                    —   □   ×
mysql> create table ecdb_pro(
    -> id smallint unsigned  not null auto_increment,
    -> pName varchar(255) not null,
    -> cId int unsigned not null,
    -> pSn varchar(50) not null,
    -> pNum int unsigned not null  default 0,
    -> mPrice decimal(10,2)  not null,
    -> iPrice  decimal(10,2) not null,
    -> pDesc mediumtext not null,
    -> pubTime  int unsigned not null,
    -> isShow  tinyint(1) not null default 1,
    -> isHot  tinyint(1)  not null default 0,
    -> primary key(id)
    -> );
Query OK, 0 rows affected (0.26 sec)

mysql> show tables;
+----------------+
| Tables_in_ecdb |
+----------------+
| ecdb_admin     |
| ecdb_cate      |
| ecdb_pro       |
+----------------+
3 rows in set (0.00 sec)

mysql>
```

图 9-22 创建数据表"ecdb_pro"

Step08 继续输入下述 SQL 语句，创建数据表"ecdb_img"，运行结果如图 9-22 所示。

1. create table ecdb_img(

2. id int unsigned not null auto_increment,

3. pIdint unsigned not null,

4. imgPathvarchar(50) not null,

5. primarykey(id)

6.);

```
C:\Windows\system32\cmd.exe - mysql -uroot -proot                    —   □   ×
mysql> create table ecdb_img(
    -> id int unsigned not null auto_increment,
    -> pId int unsigned not null,
    -> imgPath varchar(50) not null,
    -> primary key(id)
    -> );
Query OK, 0 rows affected (0.17 sec)

mysql> show tables;
+----------------+
| Tables_in_ecdb |
+----------------+
| ecdb_admin     |
| ecdb_cate      |
| ecdb_img       |
| ecdb_pro       |
+----------------+
4 rows in set (0.00 sec)

mysql>
```

图 9-23 创建数据表"ecdb_img"

Step09 在网站根目录"D:\phpstudy_pro\WWW\EC"下新建名为"test. php"的文件。

Step10　编辑"test. php"文件，代码如下。

```
1. <? php
2.   echo md5(' admin' );
3. ? >
```

第 2 行的主要作用是输出经过 MD5 加密后的"admin"字符串的 MD5 值。

Step11　保存文件。通过浏览器访问"test. php"文件，运行结果为"21232f297a57a5a743894a0e4a801fc3"。

Step12　Step11 中得到的加密字符串为数据表"ecdb_admin"中要存储的用户密码，进入数据库后，继续输入下列 SQL 语句，向数据表"ecdb_admin"中插入一条用户名、密码都为"admin"的记录，运行结果如图 9-24 所示。

```
insert into ecdb _ admin (' id ',' userName ',' passWord ',' email ') value (' 1 ',' admin ','
21232f297a57a5a743894a0e4a801fc3',' admin@ec. com');
```

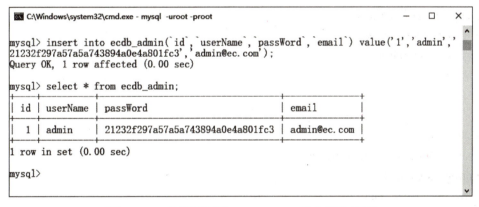

图 9-24　向数据表"ecdb_ admin"中插入数据

Step13　在网站根目录"D:\phpstudy_pro\WWW\EC"下新建名为"data"的文件夹，在"data"文件夹下新建"ecdb. sql"文件。

Step14　编辑"ecdb. sql"文件，代码如下。将数据库连接成功后第 4~12 步中执行的所有数据库代码整理到"ecdb. sql"文件中。

```
1. create database if not exists ecdb;
2.
3. use ecdb;
4.
5. create table ecdb_admin(
6. id tinyint unsigned not null auto_increment,
7. userNamevarchar(30)   not null unique,
8. passWord   varchar(32)   not null,
9. emailvarchar(60) not null,
```

```
10. primarykey(id)
11. );
12.
13. create table ecdb_cate(
14. id int unsigned not null auto_increment,
15. cNamevarchar(30) not null,
16. primarykey(id)
17. );
18.
19. create table ecdb_pro(
20. id smallint unsigned not null auto_increment,
21. pNamevarchar(255) not null,
22. cIdint unsigned not null,
23. pSnvarchar(50) not null,
24. pNumint unsigned not null default 0,
25. mPricedecimal(10,2) not null,
26. iPricedecimal(10,2) not null,
27. pDesc mediumtextnot null,
28. pubTimeint unsigned not null,
29. isShowtinyint(1) not null default 1,
30. isHottinyint(1) not null default 0,
31. primarykey(id)
32.  );
33.
34. create table ecdb_img(
35. id int unsigned not null auto_increment,
36. pIdint unsigned not null,
37. imgPathvarchar(50) not null,
38. primarykey(id)
39. );
40.
41. insert into ecdb_admin(' id' ,' userName' ,' passWord' ,' email' ) value(' 1' ,' admin' ,' 21232f297a57a5a743894a0
e4a801fc3' ,' admin@ec. com' );
```

9.4　项目拓展

通过"项目实施"，读者已经基本掌握使用命令连接数据库和执行 SQL 命令的知识点。本"项目拓展"创建数据库"test"，使用 PHP 脚本连接的方式在数据库"test"中创建"9.2.2 数据库设计"中的所有数据表。

具体操作步骤如下。

Step01 打开 phpStudy 软件，在面板"首页"页面 Apache2.4.39 和 MySQL5.7.26 的右侧单击"启动"按钮，启动 Apache 与 MySQL 服务。

Step02 按"Win+R"组合键，打开命令运行框，在命令运行框中输入"cmd"，按 Enter 键打开命令提示符窗口。

Step03 在打开的命令提示符窗口输入"mysql -uroot -proot"命令进入数据库。

Step04 输入"create database test;"命令创建数据库"test"，如图 9-25 所示。

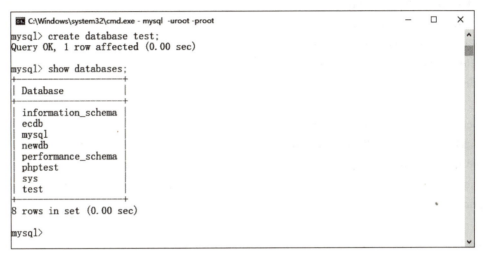

图 9-25 创建数据库"test"

Step05 在网站目录"D:\phpstudy_pro\WWW\EC\data"下新建名为"sql.php"的文件。

Step06 编辑"sql.php"文件，代码如下。

```
1. <? php
2.    $ con = mysqli_connect(' 127.0.0.1' ,' root' ,' root' ,' test' );
3.    if(! $ con){
4.       exit(' 数据库连接失败:' . mysqli_connect_error());
5.    }
6. createtable(' create table ecdb_admin(
7.       id tinyint unsigned not null auto_increment,
8.       userName varchar(30) not null unique,
9.       passWord varchar(32) not null,
10.      email varchar(60) not null,
11.      primary key(id)
12. );' );
13. createtable(' create table ecdb_cate(
14.      id int unsigned not null auto_increment,
```

```
15.      cName varchar(30) not null,
16.      primary key(id)
17.   );' );
18.   createtable(' create table ecdb_pro(
19.      id smallint unsigned not null auto_increment,
20.      pName varchar(255) not null,
21.      cId int unsigned not null,
22.      pSn varchar(50) not null,
23.      pNum int unsigned not null default 0,
24.      mPrice decimal(10,2) not null,
25.      iPrice decimal(10,2) not null,
26.      pDesc mediumtext not null,
27.      pubTime int unsigned not null,
28.      isShow tinyint(1) not null default 1,
29.      isHot tinyint(1) not null default 0,
30.      primary key(id)
31.   );' );
32.   createtable(' create table ecdb_img(
33.      id int unsigned not null auto_increment,
34.      pId int unsigned not null,
35.      imgPath varchar(50) not null,
36.      primary key(id)
37.   );' );
38.   insert();
39.   function createtable( $ sql){
40.      global  $ con;
41.       $ res = mysqli_query( $ con, $ sql);
42.      if(! $ res){
43.         echo "创建表失败:". mysqli_error( $ con);
44.      }
45.   }
46.   function insert(){
47.      global  $ con;
48.       $ sql = "insert into ecdb_admin(' id',' userName',' passWord',' email' ) value (' 1',' admin','
21232f297a57a5a743894a0e4a801fc3',' admin@ec. com' );";
49.       $ res = mysqli_query( $ con, $ sql);
50.      if(! $ res){
51.         echo "数据插入失败:". mysqli_error( $ con);
52.      }
53.   }
54. ? >
```

第 2~5 行使用 mysqli_connect()函数连接数据库"test"。

第 39~45 行定义 createtable($ sql)函数，用于创建数据表，其中 $ sql 参数为创建数据表的 SQL 语句。

第 46~53 行定义 insert()函数,用于向数据表"ecdb_admin"中插入数据。

第 6~37 行调用 createtable($ sql)函数创建数据表,其中 $ sql 参照"项目实施"中的"ecdb. sql"文件,调用 4 次 createtable()函数,分别创建数据表"ecdb_admin""ecdb_cate""ecdb_pro""ecdb_img"。

第 38 行调用 insert()函数,向数据表"ecdb_admin"中插入一条记录。

Step07　保存文件,通过浏览器访问"sql. php"文件。

如果浏览器无任何回显,则表示数据表创建和插入内容成功;如果发生报错,则根据报错信息检查文件源代码是否正确;如果出现类似"创建表失败:Table ' ecdb_admin' already exists"的警告提示,则表示数据表已经创建成功,如图 9-26 所示。

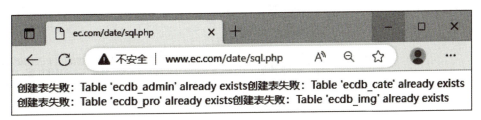

图 9-26　数据表已经创建成功

Step08　验证结果。使用命令行连接数据库后,通过下列命令查看数据表创建及内容插入是否成功,运行结果如图 9-27 所示。

```
1. use test;
2. show tables;
3. select *  from ecdb_admin;
```

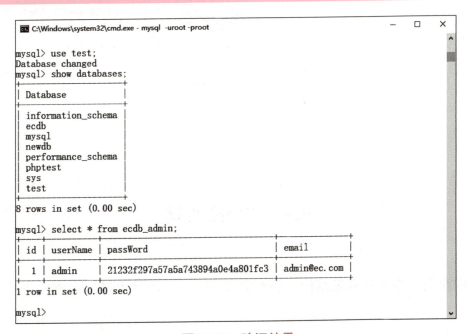

图 9-27　验证结果

9.5 项目小结

通过前面 8 个项目的学习，读者基本掌握了 PHP 程序设计的方法，也学习了数据库的相关操作，从本项目开始编写简单项目。通过本项目的学习，读者能熟悉后台管理系统的功能结构、前端文件及网站目录结构，并能顺利搭建网站系统；熟练使用 SQL 命令创建数据库、数据表和插入数据。通过"项目实施"和"项目拓展"的学习，读者掌握了使用 SQL 命令和 PHP 脚本创建数据库的两种方法。本项目知识小结如图 9-28 所示。

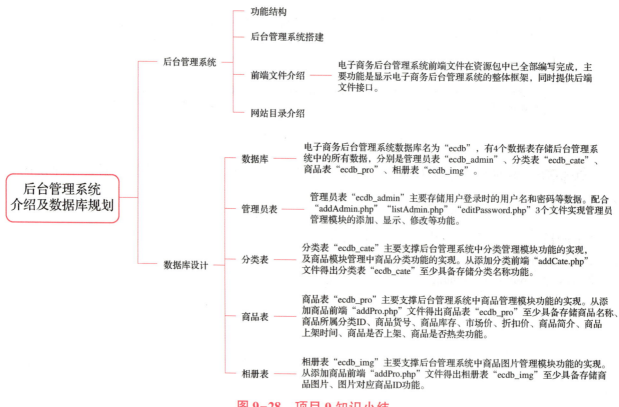

图 9-28 项目 9 知识小结

9.6 实战强化

阅读下列说明，参照数据表结构，补充完整(1)~(10)处代码，完成数据库、数据表的创建。

1. 说明

请结合本项目数据库设计的知识完成下列操作。

(1)创建数据库"school"，包含 4 个数据表，分别是学生表、教师表、课程表和成绩表。

(2)设计创建学生表、教师表、课程表和成绩表。

2. 数据表结构

数据表结构如表 9-5 ~ 表 9-9 所示。

表 9-5　数据库包含的表

表名	所含字段
学生表	学号、姓名、性别、生日、班级
教师表	教师编号、姓名、生日、部门
课程表	课程号、课程名、教师编号
成绩表	学号、课程号、成绩

```
1. //创建数据库"school"
2. create database ____(1)____;
3. show ____(2)____;
```

表 9-6　学生表"student"

字段	列名	数据类型	是否为空	备注
学号	sno	varchar(20)	not null	主键
姓名	sname	varchar(20)	not null	
性别	ssex	varchar(20)	not null	default' 男'
生日	sbrithday	datatime		
班级	sclass	varchar(20)		

```
1. //创建学生表"student"
2. use school;
3. create ____(3)____ student(
4.    snovarchar(20) ____(4)____,
5.    snamevarchar(20) not null,
6.    ssexvarchar(20) not null ____(5)____ '男',
7.    sbirthday datetime,
8.    sclassvarchar(20),
9.    primarykey(sno));
```

字段	列名	数据类型	是否为空	备注
教师编号	tno	varchar(20)	not null	主键
姓名	tname	varchar(20)	not null	
性别	tsex	varchar(20)	not null	default' 男'
生日	tbrithday	datatime		
职称	prof	varchar(20)	not null	
部门	depart	varchar(20)	not null	

1. //创建教师表"teacher"

2. use school;

3. create table teacher(

4.   tnovarchar(20) not null,

5.   tnamevarchar(20) not null,

6.   tsexvarchar(20) not null default' 男',

7.   tbirthday_____（6）_____,

8.   profvarchar(20) not null,

9.   departvarchar(20),

10.   _____（7）_____ key(tno));

表 9-8 课程表"coures"

字段	列名	数据类型	是否为空	备注
课程号	cno	varchar(20)	not null	主键
课程名	tname	varchar(20)	not null	
教师编号	tno	varchar(20)	not null	外键

1. //创建课程表"course"

2. use school;

3. create table course(

4.   cnovarchar(20) not null,

5.   cnamevarchar(20) not null,

6.   tnovarchar(20) not null,

7.   primarykey(cno),

8.   foreign key(tno) references _____（8）_____(tno));

表 9-9 成绩表"score"

字段	列名	数据类型	是否为空	备注
学号	sno	varchar(20)	not null	外键

字段	列名	数据类型	是否为空	备注
课程号	cno	varchar(20)	not null	外键
成绩	degree	decimal(4，1)	not null	

```
1. //创建成绩表"score"
2. use school;
3. create table score(
4.    snovarchar(20) not null,
5.    cnovarchar(20) not null,
6.    degreedecimal(4,1) not null,
7.    ____(9)____ key(sno) references student(sno),
8.    foreign key(cno) ____(10)____ course(cno));
```

项目 10

数据库公用函数及会话管理实现

10.1　项目描述

　　项目 9 介绍了电子商务后台管理系统整体功能，完成了底层数据库设计。本项目完成数据库公用函数编写及系统会话管理的实现。

　　本项目学习要点如下。

　　(1) 文件包含。

　　(2) HTTP 请求方法。

　　(3) 公共文件设计。

　　(4) 项目所涉及知识点。

10.2 知识准备

10.2.1 文件包含

文件包含是网站开发过程中使用非常广泛的功能。把可重复使用的函数写入单个文件，在使用该函数时直接调用此文件，无须再次编写函数，这一过程称为文件包含。PHP 提供了 4 种文件包含的方法，分别为 include、include_once、require 和 require_once。

文件包含函数在使用时有两种语法格式，一种为()包含，一种为引号包含，使用规则如下。

```
文件包含函数('被包含文件');       //例：include('test.php');
文件包含函数 '被包含文件';        //例：include 'test.php';
```

1. include( ) 与 include_once( ) 函数

include()与 include_once()函数在使用时，若找不到被包含的文件会产生致命错误（Warning）。

include()函数可以多次使用，重复调用被包含文件。

include_once()函数只能包含文件一次，重复使用该函数包含同一文件时不会被执行。

例 10-1：include()与 include_once()函数的使用。新建"例 10-1.php"文件、"例 10-2.php"文件作为被包含文件，新建"例 10-3.php"文件作为调用文件（实例位置：资源包\实验源码\project10）。

"例 10-1.php"文件作为包含文件，代码如下。

```
1. <? php
2.    echo "这是被包含文件1".'<br>';
3. ? >
```

"例 10-2.php"文件作为包含文件，代码如下。

```
1. <? php
2.    echo "这是被包含文件2".'<br>';
3. ? >
```

新建"例 10-3.php"文件作为包含调用文件，代码如下。

```
1. <? php
2.    include(' 例 10-1. php' );
3.    include ' 例 10-1. php' ;
4.    include_once(' 例 10-2. php' );
5.    include_once ' 例 10-2. php' ;
6.    echo "<h2>include(),include_once()函数的使用</h2>";
7.
8.    include(' test. php' );     //包含不存在文件
9.    include_once ' test. php' ;     //包含不存在文件
10.? >
```

通过浏览器访问"例 10-3. php"文件，运行结果如图 10-1 所示。

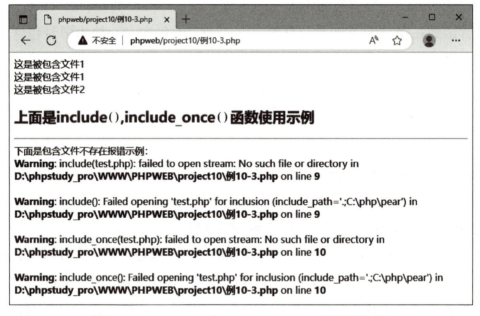

图 10-1　include( )与 include_once( )函数的使用

2. require( )与 require_once( )函数

require()与 require_once()函数在使用时，若找不到被包含的文件会产生致命错误(Fatal error)，产生警告时，代码可以继续执行，产生错误时，后续代码不会执行。

require()函数可以多次使用，重复调用被包含文件。

require_once()函数只能包含文件一次，重复使用该函数包含同一文件时不会被执行。

例 10-2：require()与 require_once()函数的使用。新建"例 10-4. php"文件作为包含函数调用文件，代码如下(实例位置：资源包\实验源码\project10\例 10-4. php)。

```
1. <? php
2.    require(' 例 10-1. php' );
3.    require ' 例 10-1. php' ;
4.    require_once(' 例 10-2. php' );
```

```
5.  require_once ' 例 10-2. php' ;
6.  echo "require(),require_once()函数的使用";
7.  require(' test. php' );    //包含不存在文件
8.  require_once ' test. php' ;    //包含不存在文件
9. ? >
```

通过浏览器访问"例 10-4. php"文件，运行结果如图 10-2 所示。

图 10-2　require( )与 require_once( )函数的使用

10. 2. 2　HTTP/HTTPS 简介

HTTP 即超文本传输协议，是用于从万维网服务器传输超文本到本地浏览器的传送协议。

HTTPS 经由 HTTP 进行通信，但利用 SSL/TLS 加密数据包，HTTPS 开发的主要目的是提供对网站服务器的身份认证，保护交换资料的隐私与完整性。

1. HTTP 请求方法

根据 HTTP 标准，HTTP 请求可以使用多种方法。

HTTP1. 0 定义了 3 种请求方法：GET、POST 和 HEAD 方法。

HTTP1. 1 新增了 6 种请求方法：OPTIONS、PUT、PATCH、DELETE、TRACE 和 CONNECT 方法。

在客户端和服务器之间进行请求—响应时，常用的两种方法是 GET 和 POST。

HTTP 请求方法介绍详如表 10-1 所示。

表 10-1　HTTP 请求方法介绍

序号	方法	描述
1	GET	请求指定的页面信息，并返回实体主体

序号	方法	描述
2	HEAD	类似 GET 请求，只不过返回的响应中没有具体的内容，用于获取报头
3	POST	向指定资源提交数据进行处理请求(例如提交表单或者上传文件)，数据被包含在请求体中，POST 请求可能导致新的资源的建立或已有资源的修改
4	PUT	从客户端向服务器传送的数据取代指定的文档内容
5	DELETE	请求服务器删除指定的页面
6	CONNECT	HTTP/1.1 中预留给能够将连接改为管道方式的代理服务器
7	OPTIONS	允许客户端查看服务器的性能
8	TRACE	回显服务器收到的请求，主要用于测试或诊断
9	PATCH	对 PUT 方法的补充，用来对已知资源进行局部更新

2. HTTP 状态码

当用户访问一个网页时，用户的浏览器会向网页所在服务器发出请求。在浏览器接收并显示网页前，此网页所在的服务器会返回一个包含 HTTP 状态码的信息头用以响应浏览器的请求。

HTTP 状态码由 3 个十进制数字组成，第 1 个十进制数字定义了状态码的类型。

响应分为 5 类：信息响应(100~199)、成功响应(200~299)、重定向(300~399)、客户端错误(400~499)和服务器错误(500~599)。常见的 HTTP 状态码如表 10-2 所示。

表 10-2　常见的 HTTP 状态码

状态码	描述
100	继续。客户端应继续其请求
200	请求成功。一般用于 GET 与 POST 请求
202	已接受。已经接受请求，但未处理完成
204	无内容。服务器成功处理，但未返回内容，在未更新网页的情况下，可确保浏览器继续显示当前文档
301	永久移动。请求的资源已被永久地移动到新 URI，返回信息会包括新的 URI，浏览器会自动定向到新 URI，今后任何新的请求都应使用新的 URI 代替
302	临时移动。与 301 类似，但资源只是临时被移动，客户端应继续使用原有 URI
400	客户端请求的语法错误，服务器无法理解
404	服务器无法根据客户端的请求找到资源(网页)。通过此代码，网站设计人员可设置显示"您所请求的资源无法找到"的个性页面

状态码	描述
405	客户端请求中的方法被禁止
500	服务器内部错误，无法完成请求

3. GET 请求方式的应用

GET 请求方式的作用是从指定的资源请求数据，请求的数据一般显示在 URL 上（URL 是统一资源定位符，也是 Web 页面的地址）。

PHP 中使用预定义变量 $_GET 获取通过 GET 方法提交的数据，$_GET 变量的数据类型为数组。

例 10-3：GET 请求方式的应用。新建"get.html"文件与"例 10-5.php"文件进行内容传递（实例位置：资源包\实验源码\project10）。

文件"get.html"为前端文件，以 GET 请求的方式向后端"例 10-5.php"文件传递内容，代码如下。

```
1. <! DOCTYPE html>
2. <html>
3. <head>
4.    <meta charset="UTF-8">
5.    <title>GET 方式传参</title>
6. </head>
7. <body>
8. <form action='例 10-5.php' method='get' >
9.    <input type="test" name='username' placeholder="用户名"><br>
10.   <input type="password" name='password' placeholder="密码"><br>
11.   <input type="submit" name="sumbit" value="登录">
12. </form>
13. </body>
14. </html>
```

文件"例 10-5.php"为后端文件，接收前端文件"get.html"通过 GET 请求方式传递的参数，代码如下。

```
1. <? php
2.   var_dump( $_GET);
3.   echo ' <br>';
4.   echo $_GET[' username' ];
5. ? >
```

通过浏览器访问"get.html"文件，在表单中输入"root""123"，单击"登录"按钮，如图 10-3 所示。

图 10-3　GET 请求方式传参

页面跳转至"例 10-5. php"文件，如图 10-4 所示。

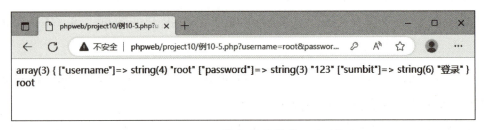

图 10-4　GET 请求方式传参运行结果

以 GET 请求方式传参时，传入的参数会在 URL 中显示，如图 10-4 所示。GET 请求方式传参除了通过前端文件传入参数外，也可在 URL 中直接输入参数进行传参。

例 10-4：通过在 URL 中输入参数进行 GET 请求方式传参。通过浏览器访问"例 10-5. php"，并在 URL 后添加"？username＝admin"，按 Enter 键后运行结果如图 10-5 所示。

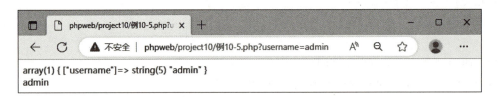

图 10-5　通过 URL 进行 GET 请求方式传参

4. POST 请求方式的应用

POST 请求方式的作用是从 HTTP 消息主体中请求数据。与 GET 请求方式相比，POST 请求方式的数据用户无法通过 URL 获取，同时 POST 请求方式对数据长度没有要求。

PHP 中使用预定义变量 $_POST 获取通过 POST 请求方式接收提交的数据，$_POST 变量的数据类型为数组。

例 10-5：GET 请求方式的应用。新建"post. html"文件与"例 10-6. php"文件进行内容传递(实例位置：资源包\实验源码\project10)。

文件"post. html"为前端文件，以 POST 请求方式向后端文件"例 10-6. php"传递内容，文件代码如下。

```
1. <! DOCTYPE html>
2. <html>
3. <head>
4.    <meta charset="UTF-8">
```

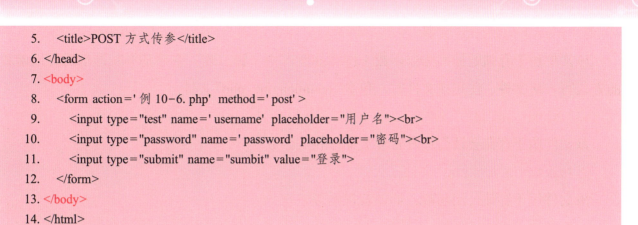

```
5.    <title>POST 方式传参</title>
6.  </head>
7.  <body>
8.    <form action='例 10-6. php'  method='post'>
9.      <input type="test" name='username'  placeholder="用户名"><br>
10.     <input type="password" name='password'  placeholder="密码"><br>
11.     <input type="submit" name="sumbit" value="登录">
12.   </form>
13. </body>
14. </html>
```

文件"例 10-6. php"作为后端文件，接收前端"post. html"文件通过 POST 请求方式传递的参数，代码如下。

```
1.  <? php
2.    var_dump( $_POST);
3.    echo '<br>';
4.    echo  $_POST[' username'];
5.  ? >
```

通过浏览器访问"post. html"文件，在表单中输入"admin""456"，单击"登录"按钮后会跳转至"例 10-6. php"文件，如图 10-6 所示。

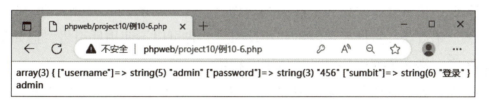

图 10-6　POST 请求方式传参运行结果

10.2.3　公共文件设计

在网站开发过程中通常会将公用函数写入文件，其他文件需要使用这些功能时，通过包含文件，直接调用函数即可。本项目将所有公用文件存放在"include"文件夹中，包括以下文件。

1. "common. inc. php"文件

网站开发设计中通常将不同类功能的函数存储于不同文件中，每次进行函数调用时可能需要同时包含多个公用文件，此文件的主要作用是将所有的公用文件进行包含，需要调用函数时，直接包含"common. inc. php"文件即可。

2. "config. php"文件

该文件用于定义公用常量，本项目需要将数据库基础信息在"config. php"文件中进行定义。

221

3. "mysql. fun. php"文件

该文件用于存储数据库操作函数。网站的所有增、删、改、查等基本功能都需要以函数的方式写入该文件，使用该文件时，包含"common. inc. php"文件。

4. "admin. fun. php"文件

该文件用于存储会话管理及管理员操作相关函数。

5. "common. fun. php"文件

该文件用于存储公用函数，如弹窗提示等。

6. "doLogin. php"文件

该文件用于判断用户输入是否正确，完成登录判断功能。用户登录时提交参数都会以 POST 请求方式传递给"doLogin. php"文件。

7. "logout. php"文件

该文件用于提供用户退出功能。用户单击"退出"按钮，会跳转至"logout. php"文件。

10. 2. 4 其他知识点介绍

1. SQL 语句中的单引号与反引号

SQL 语句使用单引号(')来环绕文本值，即 varchar 类型(字符串类型)的值。如果是数值，则不需要使用单引号。表名和字段名用反引号(`)引起来以区分 MySQL 的保留字与普通字符。表名、字段名、数据库名等可使用反引号，也可以不使用反引号，但如果它包含特殊字符或保留字，则必须使用反引号，否则会报错。

如下述语句，第 1 条语句对数据表名和字段名使用了反引号，第 2 条语句未使用反引号，两条语句均可正常执行。

(1)insert into'users'('id','username','password') values (5,' xiaoming',' 123456');
(2)insert into users(id,username,password) values (6,' xiaoan',' xiaoan123');

2. 数据库操作函数

1)mysqli_insert_id($ result)函数

此函数的主要作用是返回最后一个查询中自动生成的 ID(通过 AUTO_INCREMENT 生成)。

2)mysqli_affected_rows($ result)函数

此函数的主要作用是返回从不同的查询中输出所影响的记录行数。

3)mysqli_num_rows($ result)函数

此函数的主要作用是返回结果集中行的数量。

例 10-6： 数据库操作函数的使用。新建"例 10-7. php"文件用于完成数据库操作，代码如下(实例位置：资源包\实验源码\project10\例 10-7. php)。

```php
1. <? php
2.    $ con = mysqli_connect(' 127. 0. 0. 1' ,' root' ,' root' ,' ecdb' );
3.    if(! $ con){
4.        exit(' 数据库连接失败:'. mysqli_connect_error());
5.    }
6.    $ sql1 = "insert into ' ecdb_admin' (' userName' ,' passWord' ,' email' ) value(' xiaowang' ,' 123456' ,' xiaowang
@ ec. com' );";
7.    $ sql2 = "select *   from ecdb_admin";
8.    $ sql3 = "delete from ecdb_admin where userName =' xiaowang' ";
9.    $ res1 = mysqli_query( $ con, $ sql1);
10.    echo mysqli_insert_id( $ con). ' <br>' ;
11.    $ res2 = mysqli_query( $ con, $ sql2);
12.    echo mysqli_num_rows( $ res2). ' <br>' ;
13.    $ res3 = mysqli_query( $ con, $ sql3);
14.    echo mysqli_affected_rows( $ con). ' <br>' ;
15. ? >
```

通过浏览器访问"例 10-7. php"文件，运行结果如图 10-7 所示。

图 10-7　数据库操作函数的使用

3. 数组函数

1) array_keys($ array)函数

此函数的主要作用是返回包含数组中所有键名的一个新数组。

2) array_values($ array)函数

此函数的主要作用是返回包含数组中所有值的一个新数组。

例 10-7：数组函数的使用。新建"例 10-8. php"文件，代码如下(实例位置：资源包\实验源码\project10\例 10-8. php)。

```php
1. <? php
2.    $ arr = array(' name' =>' xiaoan' ,' sex' =>' 男' ,' age' =>15,);
3.    $ a = array_keys( $ arr);
4.    $ b = array_values( $ arr);
5.    print_r( $ a);
6.    echo ' <br>' ;
7.    print_r( $ b);
8. ? >
```

通过浏览器访问"例 10-8.php"文件，运行结果如图 10-8 所示。

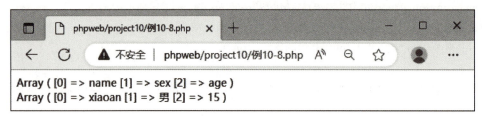

图 10-8　数组函数的使用

10.3　项目实施

本"项目实施"完成数据库操作公用函数的编写。

具体操作步骤如下。

编写数据库
公用函数

Step01　在网站根目录"D:\phpstudy_pro\WWW\EC"下新建名为"include"的文件夹，用于存储公用文件。

Step02　在网站目录"D:\phpstudy_pro\WWW\EC\include"下新建名为"common. inc.php"的文件，用于包含公用文件。

Step03　在网站目录"D:\phpstudy_pro\WWW\EC\include"下新建名为"config.php"的文件。

Step04　编辑"config.php"文件，代码如下。

```
1. <? php
2.   define(' HOST' ,' 127. 0. 0. 1' );
3.   define(' USERNAME' ,' root' );
4.   define(' PASSWORD' ,' root' );
5.   define(' DATABASE' ,' ecdb' );
6. ? >
```

第 2 行定义主机地址的常量名为"HOST"，值为本地地址"127.0.0.1"，该常量主要用于连接数据库。

第 3 行定义数据库用户名的常量名为"USERNAME"，值为"root"。

第 4 行定义数据库密码的常量名为"PASSWORD"，值为"root"。

第 5 行定义数据库名的常量名为"DATABASE"，值为"ecdb"。

Step05　在网站目录"D:\phpstudy_pro\WWW\EC\include"下新建名为"mysql. fun.

php"的文件。

 Step06　编辑"mysql. fun. php"文件，实现 connect()函数，代码如下。

```
1. include(' config. php' );
2. function connect(){
3.    $ link = mysqli_connect(HOST,USERNAME,PASSWORD,DATABASE);
4.    if(! $ link){
5.       exit(' 数据库连接失败'. mysqli_connect_error());
6.    }
7.    return  $ link;
8. }
```

第 1 行包含了"config. php"文件，主要用于调用数据库中的数据库相关常量。

第 2 行定义 connect()函数，该函数的主要功能是连接数据库。

第 3 行使用 mysqli_connect()函数连接数据库并将连接结果赋给变量 link，其中 mysqli_connect()函数的参数为"config. php"文件中定义的常量。

第 4~6 行对数据库连接进行判断，数据库连接失败时输出错误信息并退出当前脚本。

第 7 行函数返回值为 $ link。

 Step07　继续编辑"mysql. fun. php"文件，实现 fetchOne()函数，代码如下。

```
1. function fetchOne( $ link, $ sql){
2.    $ res = mysqli_query( $ link, $ sql);
3.    if(! $ res){
4.       echo ' 数据库查询失败:'. mysqli_error( $ link);
5.    }
6.    $ row = mysqli_fetch_array( $ res,MYSQLI_ASSOC);//查询结果以关联数组形式存储
7.    return  $ row;
8.    }
```

第 1 行定义 fetchOne($ link， $ sql)函数，其中 $ link 为 connect()函数的返回值， $ sql 为执行的 SQL 语句。fetchOne()函数的主要功能是返回 SQL 语句执行记录的第一条。

第 2 行使用 mysqli_query()函数执行 SQL 命令并将执行结果赋给变量 res。

第 3~5 行对 $ res 进行判断，SQL 命令执行查询失败时输出失败原因。

第 6 行将查询结果 $ res 以关联数组的形式存储，并赋给变量 row。

第 7 行函数返回值为 $ row。

 Step08　继续编辑"mysql. fun. php"文件，实现 fetchAll()函数，代码如下。

```
1. function fetchAll( $ link, $ sql){
2.    $ res = mysqli_query( $ link, $ sql);
3.    if(! $ res){
4.       echo ' 数据库查询失败'. mysqli_error( $ link);
5.    }
```

```
6.    while( $ row = mysqli_fetch_array( $ res,MYSQLI_ASSOC)){
7.        $ rows[] = $ row;
8.    }
9.    return  $ rows;
10. }
```

第 1 行定义 fetchAll($ link, $ sql)函数，$ link 为 connect()函数的返回值，$ sql 为执行的 SQL 语句。fetchAll()函数的主要功能是返回 SQL 语句执行的所有记录。

第 2 行使用 mysqli_query()函数执行 SQL 命令并将执行结果赋给变量 res。

第 3~5 行对 $ res 进行判断，SQL 命令执行失败时输出失败原因。

第 6~8 行将查询结果 $ res 以关联数组的形式存储，使用 while 语句将所有查询记录存储于 $ rows[]中。

第 9 行函数返回值为 $ rows。

Step09 继续编辑"mysql. fun. php"文件，实现 insert()函数，代码如下。

```
1. function insert( $ link, $ table, $ arr){
2.    $ key = '''. join(''',''',array_keys( $ arr)). ''';
3.    $ values ="''". join("''',''",array_values( $ arr)). "'' ";
4.    $ sql = "insert into '{ $ table}' ({ $ key}) values ({ $ values})";
5.    $ res = mysqli_query( $ link, $ sql);
6.    if(! $ res){
7.        echo '数据库插入失败:'. mysqli_error( $ link);
8.    }
9.    return mysqli_insert_id( $ link);//返回最后一条插入语句产生的自增 ID
10. }
```

第 1 行定义 insert($ link, $ table, $ arr)函数，$ link 为 connect()函数的返回值，$ table 为数据表，$ arr 为数组(其中数组的键值存储数据表的属性，数组中的元素值为数据表中需要存储的值)。insert()函数的主要功能是向数据表中插入一条数据。

第 2 行使用 array_keys()函数获取 $ arr 数组的键值，通过 join()函数将数组中的键值以一定格式连接为字符串(如' name' , ' password')，并赋给变量 key。

第 3 行使用 array_values()函数获取 $ arr 数组的元素值，通过 oin()函数将数组中键值以一定格式连接为字符串(如' xiaoan' , ' 123')，并赋给变量 values。

第 4 行中将插入命令进行拼接，并赋值给变量 sql。

第 5 行使用 mysqli_query()函数执行 SQL 命令，并将执行结果赋给变量 res。

第 6~8 行对 res 进行判断，SQL 命令执行插入语句失败时输出失败原因。

第 9 行调用 mysqli_insert_id()函数，获取最后一条插入语句时的 ID，并作为结果返回。

Step10 继续编辑"mysql. fun. php"文件，实现 update()函数，代码如下。

```
1. function update( $ link, $ table, $ arr, $ where = null) {
2.    $ rows = null;
3.    foreach ( $ arr as $ key => $ value){
4.       if( $ rows == null){
5.          $ grep == null;
6.       }
7.       else{
8.          $ grep = ',';
9.       }
10.      $ rows . = $ grep. ' ' '. $ key. ' ' '. ' ='. " " ". $ value. " " ";
11.   }
12.   $ where = $ where == null ? $ where : "where { $ where}";
13.   $ sql = "update $ table set { $ rows} $ where";
14.   $ res = mysqli_query( $ link, $ sql);
15.   if(! $ res){
16.      echo "数据库更新失败". mysql_error( $ link);
17.   }
18.   return mysqli_affected_rows( $ link);//返回 mysql 操作所影响的记录行数
19. }
```

第 1 行定义 update($ link， $ table， $ arr， $ where = null)函数，其中 $ link 为 connect()函数的返回值， $ table 为数据表， $ arr 为数组（其中数组的键值存储数据表的属性，数组中的元素值为数据表中需要更新的值）， $ where 为 SQL 语句的条件， $ where 的默认值为 null。update()函数的主要功能是更新数据表内容。

第 2~11 行使用 foreach()函数对数据进行遍历，同时将数组中的键值和元素值以一定格式连接为字符串（如' name' ='xiaoan' ）。

第 12 行使用三目运算符对 $ where 进行处理，若 $ where 为空则将 $ where 赋值为默认的 null，若不为空则将 $ where 赋值为"where { $ where}"。

第 13 行构造更新数据的 SQL 语句，并将 SQL 语句赋给遍历变量 sql。

第 14 行使用 mysqli_query()函数执行 SQL 命令并将执行结果赋给变量 res。

第 15~17 行对变量 res 进行判断，更新数据的 SQL 语句执行失败时输出失败原因。

第 18 行调用 mysqli_affected_rows()函数，获取更新内容的行数，并作为结果返回。

Step11　继续编辑"mysql. fun. php"文件，实现 delete()函数，代码如下。

```
1. function delete( $ link, $ table, $ where){
2.    $ where = $ where == null ? null : "where $ where";
3.    $ sql = "delete from $ table $ where";
4.    $ res = mysqli_query( $ link, $ sql);
5.    if(! $ res){
6.       echo "数据删除失败". mysql_error( $ link);
```

```
7.   }
8.   return mysqli_affected_rows( $ link);
9. }
```

第 1 行定义 delete($ link, $ table, $ where)函数，其中 $ link 为 connect()函数的返回值，$ table 为数据表，$ where 为 SQL 语句的条件。delete()函数的主要功能是删除表中数据。

第 2 行对函数 delete()的参数 $ where 使用三目运算符进行处理，并将处理后的内容重新赋给 $ where。

第 3 行构造删除数据的 SQL 语句。

第 4 行使用 mysqli_query()函数执行 SQL 命令，并将执行结果赋给变量 res。

第 5~7 行对 res 进行判断，删除数据的 SQL 语句执行失败时输出失败原因。

第 8 行调用 mysqli_affected_rows()函数，获取删除内容的行数，并作为结果返回。

Step12　继续编辑"mysql. fun. php"文件，实现 getRowsNumber()函数，代码如下。

```
1. function getRowsNumber( $ link, $ sql){
2.   $ res = mysqli_query( $ link, $ sql);
3.   if(! $ res){
4.     echo "数据库查询失败". mysql_error( $ link);
5.   }
6.   $ num = mysqli_num_rows( $ res);//msqli_num_rows()取得结果中的行数
7.   return $ num;
8. }
```

第 1 行定义 getRowsNumber($ link, $ sql)函数，其中 $ link 为 connect()函数的返回值，$ table 为数据表，$ sql 为需要执行的 sql 语句。getRowsNumber()函数的主要功能是获取查询语句执行后查询到的行数。

第 2 行使用 mysqli_query()函数执行 SQL 命令，并将执行结果赋给变量 res。

第 3~5 行对 res 进行判断，SQL 语句执行失败时输出失败原因。

第 6~7 行使用 mysqli_num_rows()函数获取 SQL 查询语句执行完成后查询到的行数，并将行数作为函数返回值。

Step13　将 Step06~Step12 中的函数进行汇总，统一写入"mysql. fun. php"文件，"mysql. fun. php"文件的代码如下。

```
1. <? php
2.  include(' config. php' );
3.  //数据库连接
4.  function connect(){
5.    $ link = mysqli_connect(HOST,USERNAME,PASSWORD,DATABASE);
6.    if(! $ link){
```

```
7.        exit('数据库连接失败'. mysqli_connect_error());
8.      }
9.      return  $ link;
10.   }
11.   //返回 SQL 语句执行记录的第一条
12.   function fetchOne( $ link, $ sql){
13.       $ res = mysqli_query( $ link, $ sql);
14.      if(!  $ res){
15.         echo '数据库查询失败'. mysqli_error( $ link);
16.      }
17.       $ row = mysqli_fetch_array( $ res,MYSQLI_ASSOC);//查询结果以关联数组形式存储
18.      return  $ row;
19.   }
20.   //返回 SQL 语句执行的所有记录
21.   function fetchAll( $ link, $ sql){
22.       $ res = mysqli_query( $ link, $ sql);
23.      if(! $ res){
24.         echo '数据库查询失败'. mysqli_error( $ link);
25.      }
26.      while( $ row = mysqli_fetch_array( $ res,MYSQLI_ASSOC)){
27.          $ rows[] =  $ row;
28.      }
29.      return  $ rows;
30.   }
31.   //向数据表中插入一条数据
32.   function insert( $ link, $ table, $ arr){
33.       $ key = ''' . join(' ',',array_keys( $ arr)). ''';
34.       $ values ="'' ". join("' ',' ",array_values( $ arr)). "' ";
35.       $ sql =   "insert into ' { $ table}' ({ $ key}) values ({ $ values})";
36.       $ res = mysqli_query( $ link, $ sql);
37.      if(! $ res){
38.         echo '数据库插入失败:'. mysqli_error( $ link);
39.      }
40.      return mysqli_insert_id( $ link);//返回最后一条插入语句产生的自增ID
41.   }
42.   //更新数据表中的一条记录。
43.   function update( $ link, $ table, $ arr, $ where = null) {
44.       $ rows = null;
45.      foreach ( $ arr as  $ key =>  $ value){
46.        if( $ rows == null){
47.           $ grep == null;
48.        }
49.        else{
50.           $ grep = ',';
```

```
51.        }
52.          $ rows . = $ grep. ' ' '. $ key. ' ' '. ' =' . " " ". $ value. " ' ";
53.        }
54.        $ where = $ where = = null ? $ where : "where { $ where}";
55.        $ sql = "update $ table set { $ rows} $ where";
56.        $ res = mysqli_query( $ link, $ sql);
57.        if(! $ res){
58.            echo "数据库更新失败". mysql_error( $ link);
59.        }
60.        return mysqli_affected_rows( $ link);//返回 MySQL 操作所影响的记录行数
61.    }
62.    //删除表中数据
63.    function delete( $ link, $ table, $ where){
64.        $ where = $ where = = null ? null : "where $ where";
65.        $ sql = "delete from $ table $ where";
66.        $ res = mysqli_query( $ link, $ sql);
67.        if(! $ res){
68.            echo "数据删除失败". mysql_error( $ link);
69.        }
70.        return mysqli_affected_rows( $ link);
71.    }
72.    //获取查询语句执行后得到的行数
73.    function getRowsNumber( $ link, $ sql){
74.        $ res = mysqli_query( $ link, $ sql);
75.        if(! $ res){
76.            echo "数据库查询失败". mysql_error( $ link);
77.        }
78.        $ num = mysqli_num_rows( $ res);//msqli_num_rows()取得结果中的行数
79.        return $ num;
80.    }
81. ? >
```

Step14 编辑 "common. inc. php" 文件，代码如下。

```
1. <? php
2. date_default_timezone_set(' Asia/shanghai' );
3. header("content-Type:text/html;charset=utf-8");
4. require_once(' config. php' );
5. require_once(' mysql. fun. php' );
6.   $ con = connect();
7. ? >
```

第 2 行使用 date_default_timezone_set()函数设置时区，其他文件包含 "common. inc. php" 文件即可，无须再次设置时区。

第 3 行使用 "header("content-Type:text/html; charset=utf-8");" 定义编码方式，其他文件

包含"common. inc. php"文件即可，无须再次设置编码方式。

第 4、5 行使用 require_once()函数包含"config. php"和"mysql. fun. php"文件。

第 6 行调用 connect()函数，并将函数运行结果赋给变量 con，调用数据库操作时数据库连接函数可不用再次调用，使用 $con 即可。

10.4　项目拓展

本"项目拓展"完成网站登录功能的实现并进行会话管理，增强网站的安全性。

具体操作步骤如下。

用户登录
状态处理

Step01　在网站目录"D:\phpstudy_pro\WWW\EC\include"下新建名为"getVerifyCode. php"的文件，将"comicbd. ttf"字体文件复制至该目录下。

Step02　编辑"getVerifyCode. php"文件，该文件用于生成验证码。文件代码内容参考项目 8 中的"verify. php"文件，用户在输入验证码时不需要考虑验证码中字符的大小写。文件代码如下。

```
1.    session_start();
2.    function randomText( $ length = 4){
3.        $ text = join(array_merge(range(' a' , ' z' ),range(' A' , ' Z' ),range(0, 9)));
4.        $ text = str_shuffle( $ text);
5.        $ text = substr( $ text,0, $ length);
6.        return  $ text;
7.    }
8.    $ img = imagecreatetruecolor(110, 40);
9.    $ white = imagecolorallocate( $ img,255,255,255);
10.   imagefilledrectangle( $ img,0,0,110,40, $ white);
11.   $ dir = dirname(_FILE_);
12.   $ text = randomText();
13.   $ _SESSION[' verify' ]=strtolower( $ text);
14.   $ i = 0;
15.   while( $ i < strlen( $ text)){
16.       $ size = mt_rand(20,30);
17.       $ angle = mt_rand(-15,30);
18.       $ x = 15 +  $ i* mt_rand(20,25);
19.       $ y = mt_rand(30,35);
20.       $ color =imagecolorallocate( $ img,mt_rand(0,255),mt_rand(0,255),mt_rand(0,255));
21.       imagettftext( $ img, $ size, $ angle, $ x, $ y, $ color, $ dir. ' /' . ' comicbd. ttf' , $ text[ $ i]);
22.       $ i++;
```

```
23.    }
24.    $ j = 0;
25.    while( $ j < 4){
26.        $ x1 = mt_rand(0,110);
27.        $ y1 = mt_rand(0,30);
28.        $ x2 = mt_rand(0,110);
29.        $ y2 = mt_rand(0,30);
30.        $ color  =imagecolorallocate( $ img,mt_rand(0,255),mt_rand(0,255),mt_rand(0,255));
31.        imageline( $ img,  $ x1,  $ y1,  $ x2,  $ y2,  $ color);
32.        $ j++;
33.    }
34.    header(' Content-Type:image/jpeg' );
35.    imagejpeg( $ img);
36. ? >
```

第 13 行设置 Session 时，将字符串全部转换为小写。

Step03 通过网站访问"login. php"文件，验证码能够正常显示，如图 10-9 所示。

图 10-9 验证码能够正常显示

登录请求处理

Step04 在网站目录"D:\phpstudy_pro\WWW\EC\include"下新建名为"common. fun. php"的文件。

Step05 编辑"common. fun. php"文件，实现 showMsg()函数，代码如下。

```
1. <? php
2.    //弹窗提示并跳转
3.    function showMsg( $ msg, $ path){
4.    echo "<script>alert(' $ msg' );window. location. href=' { $ path}' </script>";
```

```
5.    }
6. ? >
```

第 3 行定义 showMsg($ msg, $ path)函数，其中 $ msg 为弹窗内容，$ path 为要跳转文件的绝对路径。该函数的主要功能是弹窗提示信息，并跳转至其他文件。

第 4 行构造弹窗并跳转至其他文件，该函数没有返回值。

Step06　在网站目录"D: \ phpstudy _ pro \ WWW \ EC \ include"下新建名为"admin. fun. php"的文件并进行编辑，实现 checkLogin()函数，代码如下。

```
1. function checkLogin( $ user, $ passwd){
2.    $ passwd = md5( $ passwd);
3.    $ sql = "select *  from ecdb_admin where userName=' { $ user}'  and passWord=' { $ passwd}' ";
4.    global  $ con;
5.    $ res = getRowsNumber( $ con, $ sql);
6.    if( $ res > 0){
7.       return true;
8.    }else{
9.       return false;
10.    }
11. }
```

第 1 行定义 checkLogin($ user, $ passwd)函数，其中 $ user 为用户名，$ passwd 为密码。函数的主要功能是检测用户传入用户名是否与数据库中的内容一致。

第 2 行将 $ passwd 参数使用 MD5 进行加密，并重新赋值(数据库中密码以 MD5 加密后的内容进行存储)。

第 3 行构造 SQL 查询语句。

第 4 行声明全局变量 $ con($ con 在"common. inc. php"文件中定义)。

Step07　继续编辑"admin. fun. php"文件，实现 keepSession()函数，代码如下。

登录状态
验证

```
1. function keepSession( $ user, $ keep = false){
2.    $ time = time();
3.    $ key = substr(md5( $ user. $ time. ' ec. com' ),4,12);
4.    if(!empty( $ keep)){
5.       setcookie(' user' , $ user,time()+60* 60* 24* 7);
6.       setcookie(' time' , $ time,time()+60* 60* 24* 7);
7.       setcookie(' key' , $ key,time()+60* 60* 24* 7);
8.    }else{
9.       setcookie(' user' , $ user);
10.       setcookie(' time' , $ time);
11.       setcookie(' key' , $ key);
12.    }
13. }
```

第 1 行定义 keepSession($ user, $ keep = false)函数，其中 $ user 为用户名，$ keep 为用户是在登录时是否勾选"自动登录"复选框，$ keep 的值默认为 false。该函数设置 Cookie，保持会话。

第 2 行将当前时间戳赋给变量 time。

第 3 行使用 MD5 对" $ user. $ time. ' ec. com' "字符串进行加密，再通过 substr()函数从加密后字符串的第 5 个字符串开始截取 12 个字符串，将截取的字符串赋给变量 $ key($ key 参数的作用主要是加强 Cookie 信息的复杂度，防止用户可以猜测和破解 Cookie)。

第 4~11 行对 $ keep 进行判断，若设置参数且设置 Cookie 名为"user，time，key"并赋值为" $ user， $ time()、 $ key"，Cookie 的有效时间均为 7 天。若 $ keep 用户未设置参数，则设置 Cookie，且 Cookie 的有效时间为默认时间。

Step08 继续编辑"admin. fun. php"文件，实现 checkSession()函数，代码如下。

```
1. function checkSession(){
2.    $ user = isset( $_COOKIE[' user' ]) ? trim( $_COOKIE[' user' ]):null;
3.    $ time = isset( $_COOKIE[' time' ]) ? trim( $_COOKIE[' time' ]):null;
4.    $ key = isset( $_COOKIE[' key' ]) ? trim( $_COOKIE[' key' ]):null;
5.    $ keyver = substr(md5( $ user. $ time. ' ec. com' ),4,12);
6.    if( $ keyver ! == $ key) {
7.        showMsg(' 请先登录' ,' login. php' );
8.    }
9. }
```

第 1 行定义 checkSession()函数，该函数的主要功能是检查会话。

第 2、3 行对 Cookie 信息进行预处理。

第 4 行对用户会话中携带的 Cookie 内容进行处理，并赋给变量。

第 5 行使用 MD5 对" $ user. $ time. ' ec. com' "字符串进行加密，再通过 substr()函数从加密后字符串的第 5 个字符串开始截取 12 个字符串，将截取的字符串赋给变量 $ keyver。

第 6、7 行判断 $ keyver 与 $ key 是否不相等，不相等时调用"showMsg(' 请先登录' ,' login. php')"，弹窗提示"请先登录"并跳转至"login. php"文件。

实现退出登录

Step09 继续编辑"admin. fun. php"文件，实现 clearSession()函数，代码如下。

```
1. function clearSession(){
2.    setcookie(' user' ,' ' ,time()-1);
3.    setcookie(' time' ,' ' ,time()-1);
4.    setcookie(' key' ,' ' ,time()-1);
5. }
```

第 1 行定义 clearSession()函数，该函数的主要功能是清除会话。

第 2~4 行清除 Cookie 的所有参数。

Step10 对 Step06～Step09 中的函数进行汇总，统一写入"admin. fun. php"文件，代码如下。

```php
1.  <? php
2.  //检测用户名和密码是否正确
3.  function checkLogin( $ user, $ passwd){
4.      $ passwd = md5( $ passwd);
5.      $ sql = "select *  from ecdb_admin where userName=' { $ user}' and passWord=' { $ passwd}' ";
6.      global $ con;
7.      $ res = getRowsNumber( $ con, $ sql);
8.      if( $ res > 0){
9.          return true;
10.     }else{
11.         return false;
12.     }
13. }
14. //设置 Cookie,保持会话
15. function keepSession( $ user, $ keep = false){
16.     $ time = time();
17.     $ key = substr(md5( $ user. $ time. ' ec. com' ),4,12);
18.     if(!empty( $ keep)){
19.         setcookie(' user' , $ user,time()+60* 60* 24* 7);
20.         setcookie(' time' , $ time,time()+60* 60* 24* 7);
21.         setcookie(' key' , $ key,time()+60* 60* 24* 7);
22.     }else{
23.         setcookie(' user' , $ user);
24.         setcookie(' time' , $ time);
25.         setcookie(' key' , $ key);
26.     }
27. }
28. //检查会话
29. function checkSession(){
30.     $ user = isset( $_COOKIE[' user' ]) ? trim( $_COOKIE[' user' ]):null;
31.     $ time = isset( $_COOKIE[' time' ]) ? trim( $_COOKIE[' time' ]):null;
32.     $ key = isset( $_COOKIE[' key' ]) ? trim( $_COOKIE[' key' ]):null;
33.     $ keyver = substr(md5( $ user. $ time. ' ec. com' ),4,12);
34.     if( $ keyver !== $ key) {
35.         showMsg(' 请先登录' ,' login. php' );
36.     }
37. }
38. //删除 Cookie,清除会话
39. function clearSession(){
40.     setcookie(' user' ,' ' ,time()-1);
```

```
41.      setcookie(' time' ,' ' ,time()-1);
42.      setcookie(' key' ,' ' ,time()-1);
43.    }
44. ? >
```

登录请求
处理

Step11　编辑网站目录"D:\phpstudy_pro\WWW\EC\include"下的"common. inc. php"文件，代码如下。

```
1.<? php
2.   date_default_timezone_set(' Asia/shanghai' );
3.   header("content-Type:text/html;charset=utf-8");
4.   session_start();
5.   require_once(' config. php' );
6.   require_once(' mysql. fun. php' );
7.   require_once(' admin. fun. php' );
8.   require_once(' common. fun. php' );
9.    $ con = connect();
10. ? >
```

第 4 行使用"session_start();"开启 Session。

第 7 行使用"require_once(' admin. fun. php');"包含"admin. fun. php"文件。

第 8 行使用"require_once(' common. fun. php');"包含"common. fun. php"文件

Step12　在网站目录"D:\phpstudy_pro\WWW\EC\include"下，新建名为"doLogin. php"的文件。

Step13　编辑"doLogin. php"文件，代码如下。

```
1.<? php
2.   require_once "include/common. inc. php";
3.    $ user = isset( $_POST[' username' ]) ? trim( $_POST[' username' ]) : null;
4.    $ passwd = isset( $_POST[' password' ]) ? trim( $_POST[' password' ]) : null;
5.    $ autoFlag = isset( $_POST[' autoFlag' ]) ? trim( $_POST[' autoFlag' ]) : null;
6.    $ verify = isset( $_POST[' verify' ]) ? strtolower(trim( $_POST[' verify' ])) : null;
7.    $ verifySession = isset( $_SESSION[' verify' ])? trim( $_SESSION[' verify' ]):null;
8.   if( $ verify === $ verifySession){
9.     if(checkLogin( $ user, $ passwd)){
10.       keepSession( $ user, $ autoFlag);
11.       header(' Location:index. php' );
12.     }else{
13.       showMsg(' 用户名或密码不正确' ,' login. php' );
14.     }
15.   }else{
16.     showMsg(' 验证码不正确' ,' login. php' );
17.   }
```

18.？>

第 1 行使用 require_once()函数，包含公用配置文件"include/common. inc. php"。

第 3~6 行对用户通过 POST 请求方式传递的参数使用三目运算符进行预处理。若用户传入参数不为空，则使用 trim()函数去掉字符串开头和结尾的空格并重新赋值，验证码 $_POST[' verify']参数中的所有字符串全部转换为小写。

第 7 行对 $_SESSION[' verify']变量进行处理并赋给变量 verifySession。

第 8 行将前端传入的验证码与 $ verifySession 的值进行对比，若相等执行第 9~14 行代码，若不相等则执行第 16 行代码。

第 9 行调用 checkLogin($ user，$ passwd)函数判断用户传入的用户名和密码是否正确。函数返回 true 时，执行第 10~11 行代码，函数返回 false 时执行第 13 行代码。

第 10 行调用 keepSession($ user，$ autoFlag)函数保持会话，若 $ autoFlag 的值为 1 时则会话有效时间为 7 天，若为空则会话有效时间为浏览器会话时间，只要关闭浏览器，Cookie 就会自动消失。

第 13 行调用 showMsg()函数，弹窗提示"用户名或密码不正确"，并跳转至"login. php"文件。

第 16 行调用 showMsg()函数，弹窗提示"验证码不正确"，并跳转至"login. php 文件"。

Step14　功能验证。通过浏览器访问"login. php"文件，输入错误的验证码，单击"登录"按钮后，页面会弹窗提示"验证码不正确"，单击"确定"按钮后跳转至"login. php"文件，如图 10-10 所示。

图 10-10　验证码不正确

Step15　功能验证。通过浏览器访问"login. php"文件，输入错误的用户名和密码，输入正确的验证码，单击"登录"按钮后，页面会弹窗提示"用户名或密码不正确"，单击"确定"按钮后跳转至"login. php"文件，如图 10-11 所示。

Step16　功能验证。通过浏览器访问"login. php"文件，输入正确的用户名、密码和验证码[用户名和密码(admin，admin)在项目 9 中已经存入数据库]，单击"登录"按钮后，页面会跳转至"index. php"文件，如图 10-12 所示。

图 10-11　用户名或密码不正确

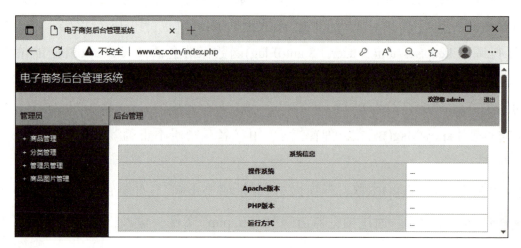

图 10-12　登录成功

实现退出登录

| Step17 | 在网站目录"D:\phpstudy_pro\WWW\EC"下新建名为"logout. php"的文件。 |

| Step18 | 编辑"logout. php"文件，实现用户退出功能，代码如下。 |

```php
1. <? php
2.    require_once "include/common. inc. php";
3.    clearSession();
4.    showMsg(' 成功退出',' login. php' );
5. ? >
```

第 2 行使用 require_once()函数包含"include/common. inc. php"文件。

第 3 行使用 clearSession()函数清除会话。

第 4 行使用 showMsg()函数，弹窗提示"成功退出"，并跳转至"login. php"文件。

登录状态验证

| Step19 | 编辑" index. php"" addAdmin. php"" addCate. php"" addPro. php"" editAdmin. php"" editCate. php"" editPassword. php"" editPro. php"" listAdmin. php"" listCate. php"" listPro. php""listProImages. php""main. php"文件，实现会话管理功能，不允许用户在未登录的情况下访问此类文件，会话不生效时跳转至"login. php"文件进行登录，在文件前插入 |

下述代码。

```
1. <? php
2.    include "include/common. inc. php";
3.    checkSession();
4. ? >
```

Step20　功能验证。通过浏览器访问"login. php"文件，用户输入正确的用户名、密码和验证码，并勾选"自动登录"复选框，单击"登录"按钮后页面会跳转至"index. php"文件，关闭浏览器，7 天内访问"www. ec. com"网站，会直接跳转至后端主页"index. php"文件，单击"退出"按钮后，弹窗提示"退出成功"，单击"确定"按钮后跳转至"login. php"文件。

Step21　功能验证。通过浏览器访问"login. php"文件，用户输入正确的用户名、密码和验证码，不勾选"自动登录"复选框，单击"登录"按钮后页面会跳转至"index. php"文件，关闭浏览器，再次访问"www. ec. com"网站，会直接跳转至后端主页"login. php"文件，用户需要再次登录。

Step22　功能验证。在用户未登录状态下通过浏览器访问"index. php"文件，会弹窗显示"请先登录"，单击"确定"按钮后跳转至"login. php"文件。

10.5　项目小结

通过本项目的学习，读者熟悉了 PHP 文件包含的 4 种方法、HTTP 请求方法及状态码；掌握了前端文件提交后端处理的两种请求方式，并分别学习了网站程序开发公共文件的设计。通过"项目实施"完成数据库操作公用函数的编写，通过"项目拓展"完成网站登录功能的实现并进行会话管理，读者掌握了公用函数的编写和网站会话管理的安全措施。本项目知识小结如图 10-13 所示。

图 10-13   项目 10 知识小结

10.6   知识巩固

一、单选题

1. 在 PHP 中获取 GET 请求参数的方法是(   )。

A. $ GET[]   B. GET[]   C. _GET[]   D. $_GET[]

2. 下面有关 PHP 中 require()和 include()函数的描述,说法错误的是(   )。

A. require()函数通常放在 PHP 程序的最前面

B. include()函数一般放在流程控制的处理部分

C. require_once()函数和 require()函数完全相同,唯一区别是 PHP 会检查该文件是否已经被包含过,如果是则不会再次包含

D. require()函数在引入不存在的文件时产生一个警告且脚本还会继续执行,而 include() 函数则会导致一个致命性错误且脚本停止执行

3. 用于返回结果集中行的数量的函数是(　　　)。

A. mysqli_query()函数　　　　　　　　　B. mysqli_insert_id()函数

C. mysqli_affected_rows()函数　　　　　D. mysqli_num_rows()函数

4. 关于 array_keys()函数，下面的说法中错误的是(　　　)。

A. 该函数用于获取数组中元素对应的键名

B. 当匹配结果有多个时，只返回第一个匹配的键名

C. 该函数的第一个参数表示被查询的数组

D. 如果只传一个数组，则返回数组中的所有键

5. 下面关于文件包含语句的说法中错误的是(　　　)。

A. 在包含文件时，如果没有找到文件，include 语句会发生警告信息，程序继续运行

B. 在包含文件时，如果没有找到文件，require 语句会发生致命错误，程序停止运行

C. "./"表示当前目录，"../"表示当前目录的上级目录

D. 在包含文件时，被包含的文件路径必须是从盘符开始的路径

6. 假设代码运行时的 URL 是"testscript.php? c=25"，运行以下代码将显示(　　　)。

```php
<? php
  function process( $ c, $ d=25){
    $ retval  =  $ c + $ d - $_GET[' c' ]-10;
    return  $ retval;
  }
  echo process(5);
? >
```

A. 25　　　　　　　　B. 10　　　　　　　　C. -5　　　　　　　　D. 5

7. 如果用户在文本域中输入"php"，则脚本输出(　　　)。

```php
<form action="index. php" method="post">
  <input type="text" name="name">
  <input type="submit" value="提交">
</form>
<? php
  //这里是 index. php
  echo  $_GET[' name' ];
? >
```

A. 错误提示　　　　　B. Array　　　　　　C. php　　　　　　D. 什么都不输出

8. 以下代码的运行结果为(　　　)。

```php
<? php
  $ A="Hello ";
  function print_A(){
    $ A = "php mysql !!";
```

```
    global $ A;
    echo $ A;
  }
  echo $ A;
  print_A();
? >
```

A. Hello   B. php mysql !!

C. Hello Hello   D. Hello php mysql !!

9. 通过 $_POST[' test]接收表单时，如果有提示信息"Notice：Undefined index：test"，则下面的说法中正确的是(　　)。

A. 说明 PHP 成功接收到表单   B. 说明此时并没有表单提交

C. 说明 PHP 没有接收到 test 数据   D. 说明 PHP 成功接收到 test 数据

10. 阅读以下代码，下面的说法中正确的是(　　)。

```
<form action = "test. php?  a = 1"method = "post">
  <input type = "text"name = "b"value = "2"/>
  <input type = "submit"/>
</form>
```

A. "test. php"只能接收到 $_GET[' a']

B. "test. php"只能接收到 $_POST[' b']

C. "test. php"将接收到 $_POST[' a']和 $_POST[' b']

D. "test. php"将接收到 $_GET[' a']和 $_POST[' b']

二、多选题

1. 关于 PHP 包含文件的说法中正确的有(　　)。

A. require()函数和 include()函数都可以用于包含文件

B. require()函数包含文件不存在时，会提示严重错误

C. include()函数包含文件不存在时，后续代码不再执行

D. require_once()函数对同一文件只包含一次

2. HTTP 请求方法包括(　　)。

A. GET   B. POST   C. HEAD   D. PUT

3. 下面的说法中正确的是(　　)。

A. GET 请求方式的作用是从指定的资源请求数据，请求的数据一般显示在 URL 上

B. PHP 中使用预定义变量 $_GET 获取通过 GET 请求方式提交的数据

C. POST 请求方式的作用是从 HTTP 消息主体中请求数据

D. PHP 中使用预定义变量 $_POST 获取通过 POST 请求方式提交的数据

4. 对 HTTP 中常见的状态码的描述正确的是(　　)。

A. 200 表示服务器成功处理了客户端的请求

B. 403 表示服务器理解客户端的请求，但是拒绝处理

C. 404 表示客户端的请求中有不正确的语法格式

D. 500 表示服务器发生错误，无法处理客户端的请求

5. 下列说法中正确的是(　　)。

A. SQL 语句中单引号是用来包含字符串的

B. SQL 语句中单引号是用来包含数字的

C. SQL 语句中表名和字段名用反引号引起来以区分保留字与普通字符

D. SQL 语句中表名和字段名必须用反引号引起来

10.7　实战强化

阅读下列说明，参照图 10-14、图 10-15 所示效果，结合实例提供的核心代码，完成程序编写。

1. 说明

1）制作安装 PHP 程序的原理

安装 PHP 程序的原理就是将数据库结构和内容导入相应的数据库，并重新配置连接数据库的参数和文件，为了保证不被他人恶意使用安装文件，安装完成后应修改安装文件。

2）制作 PHP 安装程序的步骤及 PHP 函数

（1）检查目录或文件的权限。检查文件是否可写：函数 is_writable("data/config.php")返回布尔值；检查文件是否可读：函数 is_readable("data/config.php")返回布尔值。

（2）修改或添加配置文件。使用文件操作函数 fopen()打开"config.php"文件，使用文件操作函数 fwrite()将内容写入文件。

（3）检查配置文件的正确性。

（4）导入数据库。使用"项目拓展"中创建数据表的 SQL 语句。

（5）锁定或删除安装文件。使用文件操作函数 rename()，修改安装文件名。

2. 效果

安装界面效果如图 10-14 所示，安装完成效果如图 10-15 所示。

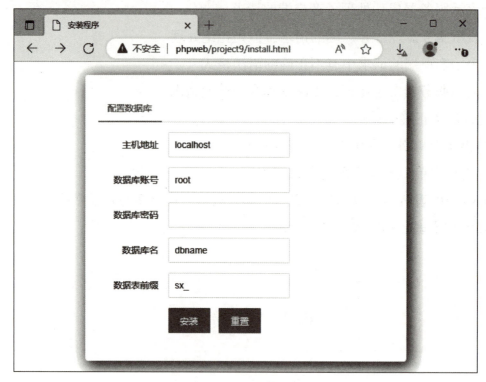

图 10-14　安装界面效果

图 10-15　安装完成效果

3. 文件及数据库操作页面："doInstall. php"文件代码

```php
1. <? php
2.    $ filename="dbconfig. php";
3.    //配置文件内容
4.    $ config=' <? php';
5.    $ config. ="\n";
6.    $ config. ='$ host="' . $_POST["host"]. '"; ';
7.    $ config. ="\n";
8.    $ config. ='$ user="' . $_POST["username"]. '"; ';
9.    $ config. ="\n";
10.   $ config. ='$ pass="' . $_POST["password"]. '"; ';
11.   $ config. ="\n";
12.   $ config. ='$ dbname="' . $_POST["dbname"]. '"; ';
```

```
13.        $ config. ="\n";
14.        $ config. ='$ flag="' . $_POST["flag"]. '"; ';
15.        $ config. ="\n";
16.        $ config. ="? >";
17.    if(is_writable( $ filename)){//检测是否有权限可写
18.        $ handle=fopen( $ filename,"w+");
19.    fwrite( $ handle, $ config);
20.        //连接数据库
21.    include_once( $ filename);
22.        $ conn = mysqli_connect( $ host, $ user, $ pass, $ dbname);
23.        if(! $ conn){
24.            echo "数据库连接失败，<a href=' install. php' >返回设置</a>";
25.        }else{
26.        mysqli_query( $ conn,"create database if not exists ' $ dbname' ");
27.        mysqli_select_db( $ conn, $ dbname);
28.            //建表语句
29.            $ sql[]="创建表的 SQL 语句，请参见实例代码";
30.            $ sql[]="创建表的 SQL 语句，请参见实例代码";
31.            foreach ( $ sql as $ value) {//多条语句，用 for 循环遍历
32.            mysqli_query( $ conn, $ value);
33.        }
34.        echo "<script>layer. msg(' 完成安装' ); </script>";
35.        echo "<script>window. location=' index. html' ; </script>";
36.        rename("install. html", "install. lock");
37.    }
38.    }else{
39.        echo "您没有权限操作。";
40.    }
41. ? >
```

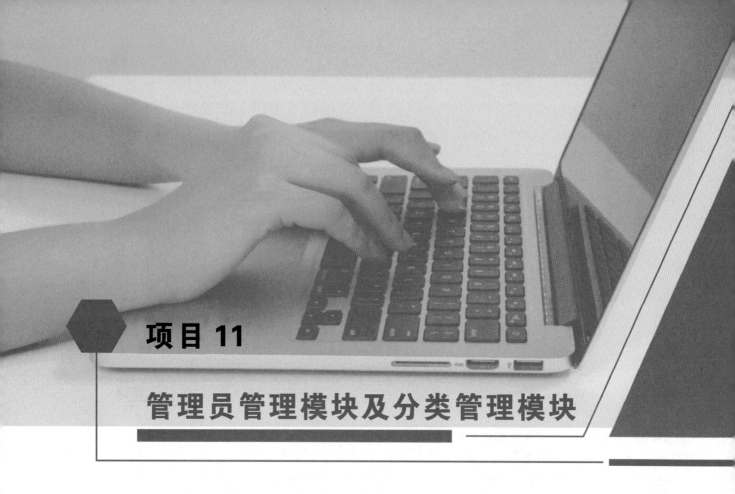

项目 11

管理员管理模块及分类管理模块

11.1　项目描述

项目 10 完成了电子商务后台管理系统数据库操作公用函数的编写，实现了后台会话管理功能。本项目实现后台管理系统管理员管理模块和分类管理模块的功能。

本项目学习要点如下。

(1) 管理员管理模块功能分析与实现。

(2) 分类管理模块功能分析与实现。

11.2　知识准备

11.2.1　管理员管理模块功能分析

在网站开发过程中通常会把固定功能以函数的方式写入文件，在编写函数之前首先要根

据前端文件接口熟悉业务流程，掌握功能中需要处理的参数。

"index. php"文件中管理员管理模块的相关代码如下。

```
1. <li>
2.   <h3><span onclick="show(' menu5' ,' change5' )" id="change5">+</span>管理员管理</h3>
3.   <dl id="menu5" style="display:none;">
4.     <dd><a href="addAdmin. php" target="mainFrame">添加管理员</a></dd>
5.     <dd><a href="listAdmin. php" target="mainFrame">管理员列表</a></dd>
6.   </dl>
7. </li>
```

管理员管理模块提供了"添加管理员""管理员列表"两个标签，单击"添加管理员"时跳转至"addAdmin. php"文件，单击"管理员列表"时跳转至"listAdmin. php"文件。

1. 添加管理员功能

"addAdmin. php"文件中的 form 标签提供了添加管理员表单功能，部分代码如下。

```
1. <form action="doAdminAction. php? act=addAdmin" method="post" >
2. <div style="width: 800px;margin-left: 20px;margin-top: 40px">
3.   <table class="table" cellspacing="0" cellpadding="0">
4.     <thead>
5.       <tr>
6.         <th colspan="2" width="100%">添加管理员</th>
7.       </tr>
8.     </thead>
9.     <tbody>
10.      <tr>
11.        <td align="right">用户名</td>
12.        <td><input type="text" name="userName"  placeholder="请输入用户名"/></td>
13.      </tr>
14.      <tr>
15.        <td align="right">密码</td>
16.        <td><input type="password" name="passWord"  placeholder="请输入密码"/></td>
17.      </tr>
18.      <tr>
19.        <td align="right">确认密码</td>
20.        <td><input type="password" name="passWord2"  placeholder="确认密码"/></td>
21.      </tr>
22.      <tr>
23.        <td align="right">邮箱</td>
24.        <td><input type="email" name="email"  placeholder="请输入邮箱"/></td>
25.      </tr>
26.      <tr>
27.        <td colspan="2" align="center"><input type="submit" class="add" value="添加管理员"/></td>
28.      </tr>
```

```
29.        </tbody>
30.      </table>
31.    </div>
32. </form>
```

"addAdmin. php"文件提供了用户名、密码、确认密码、邮箱 4 个参数，在编写添加管理员函数时需要满足这 4 个参数的处理需要。

2. 管理员列表功能

"listAdmin. php"文件部分代码如下。

```
1. <body>
2.   <div class="details">
3.     <! --表格-->
4.     <table class="table" cellspacing="0" cellpadding="0">
5.       <thead>
6.       <tr>
7.         <th width="15%">编号</th>
8.         <th width="25%">管理员名称</th>
9.         <th width="30%">管理员邮箱</th>
10.        <th>操作</th>
11.      </tr>
12.      </thead>
13.      <tbody>
14.      <? php $ i = 1;foreach ( $ rows as $ row):? >
15.        <tr>
16.          <td><input type="checkbox" id="c1" class="check"><label for="c1" class="label"></label><? php echo $ i; ? ></td>
17.          <td><? php   echo $ row[' userName' ];? ></td>
18.          <td><? php   echo $ row[' email' ];? ></td>
19.          <td align="center"><input type="button" value="修改"  class="btn"  ONCLICK="editAdmin(<? php echo $ row[' id' ];? >)"><input type="button" value="修改密码" onclick="editPassword(<? php echo $ row[' id' ];? >)"  class="btn"  ><input type="button" value="删除" onclick="deleteAdmin(<? php echo $ row[' id' ];? >)" class="btn"  ></td>
20.        </tr>
21.      <? php $ i++;endforeach; ? >
22.        <tr>
23.          <td colspan="4"></td>
24.        </tr>
25.      </tbody>
26.    </table>
27.  </div>
28.  <script>
29.  function editAdmin(id) {
30.      window. location. href="editAdmin. php? id="+id;
```

```
31.    }
32.    function editPassword(id) {
33.      window. location. href="editPassword. php? id="+id;
34.    }
35.    function deleteAdmin(id) {
36.      var res = window. confirm("确认删除吗?");
37.      if(res)
38.      {
39.        window. location. href="doadminAction. php? act=deleteAdmin&id="+id;
40.      }
41.    }
42.  </script>
43. </body>
```

"listAdmin. php"文件的主要功能是显示管理员信息(编号、管理员名称、管理员邮箱),同时提供"修改""删除密码""删除"的功能。

用户单击"修改"时跳转至"editAdmin. php"文件,用户单击"删除密码"时跳转至"editPassword. php"文件,用户单击"删除"时弹窗提示"确定删除吗?",跳转至"doadminAction. php? act=deleteAdmin&id="+id"。

在编写删除管理员函数时,只需根据传入的 ID 删除数据表中 ID 相关的整条数据即可。

"editAdmin. php"文件中的 form 标签提供了修改管理员表单的功能,部分代码如下。

```
1. <form action="doAdminAction. php? act=editAdmin&id=<? php echo $ id;? >" method="post" enctype="multipart/form-data">
2.   <div style="width: 800px;margin-left: 20px;margin-top: 40px">
3.     <table class="table" cellspacing="0" cellpadding="0">
4.       <thead>
5.         <tr>
6.           <th colspan="2" width="100% ">修改管理员</th>
7.         </tr>
8.       </thead>
9.       <tbody>
10.        <tr>
11.          <td align="right">邮箱</td>
12.          <td><input type="email" name="email"  value="<? php echo $ row[' email' ]? >"/></td>
13.        </tr>
14.        <tr>
15.          <td colspan="2" align="center"><input type="submit" class="add" value="修改管理员"/></td>
16.        </tr>
17.      </tbody>
18.    </table>
19.  </div>
20. </form>
```

"editAdmin. php"文件中提供修改密码时的前端显示页面，单击"修改管理员"时将"邮箱"标签信息通过 POST 请求方式提交给"doAdminAction. php？act＝editAdmin&id＝<? php echo $ id;? >"。

在完成修改管理员函数时，只需根据传入的 ID 值，修改 ID 对应的邮箱参数即可。

"editPassword. php"文件中的 form 标签提供了修改密码表单的功能，部分代码如下。

```
1. <form  action = "doAdminAction. php？ act = editPassword&id = <? php echo  $ id;? >" method = "post"
enctype = "multipart/form-data">
2.    <div style = "width: 800px;margin-left: 20px;margin-top: 40px">
3.      <table class = "table" cellspacing = "0" cellpadding = "0">
4.        <thead>
5.          <tr>
6.            <th colspan = "2" width = "100%">修改密码</th>
7.          </tr>
8.        </thead>
9.        <tbody>
10.          <tr>
11.            <td align = "right">新密码</td>
12.            <td><input type = "password" name = "passWord"   /></td>
13.          </tr>
14.          <tr>
15.            <td align = "right">确认密码</td>
16.            <td><input type = "password" name = "passWord2" /></td>
17.          </tr>
18.          <tr>
19.            <td colspan = "2" align = "center"><input type = "submit" class = "add" value = "修改密码"/></td>
20.          </tr>
21.        </tbody>
22.      </table>
23.    </div>
24. </form>
```

"listAdmin. php"文件的主要功能是提供修改密码时的前端表单，单击"修改密码"时将"新密码""确认密码"标签信息通过 POST 请求方式提交给"doAdminAction. php？act＝editPassword&id＝<? php echo $ id;? >"。

在完成修改密码函数时，根据传入的 id 值，验证"新密码"与"确认密码"，并修改原有密码即可。

11. 2. 2 分类管理模块功能分析

"index. php"文件中分类管理模块的相关代码如下。

```
1. <li>
2.    <h3><span onclick = "show(' menu2' ,' change2' )" id = "change2">+</span>分类管理</h3>
3.    <dl id = "menu2" style = "display:none;">
```

```
4.      <dd><a href="addCate. php" target="mainFrame">添加分类</a></dd>
5.      <dd><a href="listCate. php" target="mainFrame">分类列表</a></dd>
6.   </dl>
7.   </li>
8. <li>
```

分类管理模块提供了"添加分类""分类列表"两个标签，单击"添加管理员"时跳转至
"addCate. php"文件，单击"管理员列表"时跳转至"listCate. php"文件。

1. 添加分类功能

"addCate. php"文件中的 form 标签提供了添加管理员表单的功能，相关代码如下。

```
1. <form action="doAdminAction. php? act=addCate" method="post" enctype="multipart/form-data">
2.    <div style="width: 800px;margin-left: 20px;margin-top: 40px">
3.      <table class="table" cellspacing="0" cellpadding="0">
4.        <thead>
5.          <tr>
6.            <th colspan="2" width="100%">添加分类</th>
7.          </tr>
8.        </thead>
9.        <tbody>
10.          <tr>
11.            <td align="right">分类名称</td>
12.            <td><input type="text" name="cName"  placeholder="请输入分类名"/></td>
13.          </tr>
14.          <tr>
15.            <td colspan="2" align="center"><input type="submit" class="add" value="添加分类"/></td>
16.          </tr>
17.        </tbody>
18.      </table>
19.    </div>
20. </form>
```

"addCate. php"文件提供了"分类名称"参数，单击"添加分类"时将"分类名称"标签信息
通过 POST 请求方式提交给"doAdminAction. php? act=addCate"，在编写添加分类函数时需
要对"分类名称"参数进行处理。

2. 分类列表功能

"listCate. php"文件部分代码如下。

```
1. <tbody>
2.    <? php $ i = 1;foreach ( $ rows as $ row):? >
3.      <tr>
4.        <td><input type="checkbox" id="c1" class="check"><label for="c1" class="label"></label><?
php echo $ i; ? ></td>
5.        <td><? php   echo $ row[' cName' ];? ></td>
```

```
6.          <td align="center"><input type="button" value="修改"  class="btn"  ONCLICK="editCate(<?
php echo $ row[' id' ];? >)"><input type="button" value="删除" onclick="deleteCate(<? php echo $ row[' id' ];?
>)" class="btn"  ></td>
7.        </tr>
8.        <? php $ i++;endforeach; ? >
9.      <tr>
10.        <td colspan="4">
11.        </td>
12.      </tr>
13.      </tbody>
14.    </table>
15. </div>
16. <script>
17.    function editCate(id) {
18.      window. location. href="editCate. php? id="+id;
19.    }
20.    function deleteCate(id) {
21.      var res = window. confirm("确认删除吗?");
22.      if(res)
23.      {
24.        window. location. href="doadminAction. php? act=deleteCate&id="+id;
25.      }
26.    }
27. </script>
```

"listCate. php" 文件的主要功能是显示列表信息(编号、分类名称), 同时提供修改和删除功能。

用户单击 "修改" 时跳转至 "editCate. php" 文件, 用户单击 "删除" 时弹窗提示 "确定删除吗?", 跳转至 ""doadminAction. php? act=deleteCate&id="+id"。

在编写删除分类函数时, 只需根据传入的 ID 删除数据表中 ID 相关的整条数据即可。

"editCate. php" 文件中的 form 标签提供了修改分类表单的功能, 部分代码如下。

```
1. <form action="doAdminAction. php? act=editCate&id=<? php echo $ id;? >" method="post" enctype="
multipart/form-data">
2.    <div style="width: 800px;margin-left: 20px;margin-top: 40px">
3.    <table class="table" cellspacing="0" cellpadding="0">
4.      <thead>
5.        <tr>
6.          <th colspan="2" width="100%">修改分类</th>
7.        </tr>
8.      </thead>
9.      <tbody>
10.        <tr>
```

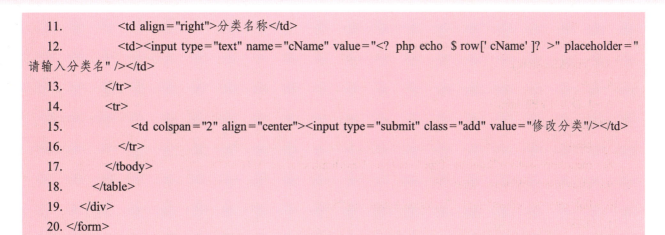

```
11.          <td align="right">分类名称</td>
12.          <td><input type="text" name="cName" value="<? php echo $ row[' cName' ]? >" placeholder="
请输入分类名" /></td>
13.        </tr>
14.        <tr>
15.          <td colspan="2" align="center"><input type="submit" class="add" value="修改分类"/></td>
16.        </tr>
17.      </tbody>
18.    </table>
19.    </div>
20. </form>
```

"editCate. php"文件提供修改分类时的前端显示页面，单击"修改分类"时将"分类名称"标签信息通过 POST 请求方式提交给"doAdminAction. php? act = editCate&id = <? php echo $ id;? >"。

在完成修改分类函数时，只需根据传入的 ID 值，修改 ID 对应的分类名称即可。

11. 2. 3　公共文件设计

在网站编程中通常将模块功能中同类功能的函数写入文件，这类文件统一放入"include"文件夹。

1. "admin. fun. php"文件

"admin. fun. php"文件的主要功能是存储会话管理及管理员操作相关函数（添加管理员、修改管理员、修改密码、删除密码）。

2. "cate. fun. php"文件

"cate. fun. php"文件的主要功能是存储分类操作相关函数（添加分类、修改分类、删除分类）。

11. 3　项目实施

结合"知识准备"与"项目实施"内容，完成网站后台主页及管理员管理功能模块。

11. 3. 1　网站后台主页完善

完善主页
显示

Step01　编辑"main. php"文件，完善网站后台主页信息显示，代码如下。

```
1. <? php
2.    include "include/common. inc. php";
3.    checkSession();
4. ? >
5. <! DOCTYPE html>
6. <html>
7. <head>
8. <meta http-equiv="Content-Type" content="text/html; charset=UTF-8">
9. <title>Insert title here</title>
10. <link rel="stylesheet" href="styles/backstage. css">
11. </head>
12. <body>
13. <center style="width: 800px;margin-top: 40px;margin-left: 20px;">
14.
15.    <table class="table" cellspacing="0" cellpadding="0">
16.      <thead>
17.        <tr>
18.          <th colspan="2" width="100% ">系统信息</th>
19.        </tr>
20.      </thead>
21.      <tbody>
22.    <tr>
23.        <th>操作系统</th>
24.        <td><? php echo PHP_OS;? ></td>
25.    </tr>
26.      <tr>
27.        <th>Apache 版本</th>
28.        <td><? php echo $_SERVER["SERVER_SOFTWARE"];? ></td>
29.      </tr>
30.      <tr>
31.        <th>PHP 版本</th>
32.        <td><? php echo PHP_VERSION;? ></td>
33.      </tr>
34.      <tr>
35.        <th>运行方式</th>
36.        <td><? php echo PHP_SAPI;? ></td>
37.      </tr>
38. </tbody>
39. </table>
40. </center>
41. </body>
42. </html>
```

第 24 行输出预定义常量 PHP_OS，显示操作系统信息。

第 28 行输出预定义变量 $_SERVER["SERVER_SOFTWARE"]，显示 Apache 版本信息。

第 32 行输出预定义常量 PHP_VERSION，显示 PHP 版本信息。

第 36 行输出预定义常量 PHP_SAPI，显示运行方式信息。

Step02　通过浏览器访问"login. php"文件，在用户登录状态下，访问"index. php"文件(在用户登录状态下访问"www. ec. com"默认主页面为"index. php"文件)，页面显示如图 11-1 所示。

图 11-1　系统信息成功显示

11.3.2　管理员管理-添加管理员功能实现

1. 公用函数实现

Step01　编辑"admin. fun. php"文件，实现 addAdmin()函数，代码如下。

实现管理员的添加

```
1. function addAdmin(){
2.    global  $ con;
3.    $ arr[' userName' ]=  $_POST[' userName' ];
4.    $ password  =  $_POST[' passWord' ];
5.    $ password2  =  $_POST[' passWord2' ];
6.    if( $ password !  =  $ password2){
7.      return "<a href=' addAdmin. php' >两次输入密码不一致,请重新输入</a>";
8.    }
9.    $ arr[' passWord' ]= md5( $_POST[' passWord' ]);
10.    $ arr[' email' ]  =  $_POST[' email' ];
11.    $ res  =  insert( $ con,' ecdb_admin' , $ arr);
12.    if( $ res){
13.      $ res  = ' 管理员添加成功<br> <a href = "addAdmin. php">继续添加管理员</a>| <a href = "listAdmin. php">查看管理员列表</a>';
14.    }
15.    else{
```

```
16.        $ res = ' 管理员添加失败 <br> <a href = "addAdmin. php">重新添加管理员</a> | <a href = "
listAdmin. php">查看管理员列表</a>';
17.    }
18.    return $ res;
19. }
```

第 1 行定义 addAdmin()函数，该函数的主要功能是添加管理员。

第 2 行声明全局变量 $ con。

第 3 行将通过 POST 请求方式从前端"addAdmin. php"文件中传入的用户名存入 arr 一维数组，其中键值为数据表"ecdb_admin"中的"userName"属性。

第 6 行判断"addAdmin. php"文件中两次传入的密码是否相等，不相等时执行第 7 行代码。

第 7 行提供跳转至"addmin. php"文件的超链接，超链接内容为"两次输入密码不一致，请重新输入"。

第 9、10 行将通过 POST 请求方式从前端"addAdmin. php"文件中传入的密码和邮箱存入 arr 一维数组，其中键值为数据表"ecdb_admin"中的"Password"和"email"属性。

第 11 行调用 insert()函数，向数据表"ecdb_admin"中添加数据，并将函数返回值(插入语句产生的自增 ID)赋给变量 res。

第 12~17 行对变量 res 进行判断，若为 true 则提示"管理员添加成功"并以超链接的形式提供"addAdmin. php"与"listAdmin. php"文件链接；若为 false 则提示"管理员添加失败"并以超链接的方式提供"addAdmin. php"与"listAdmin. php"文件链接。

第 18 行将变量 res 作为函数返回值返回。

2. 后端处理文件

Step01 在"www. ec. com"网站目录"D: \ phpstudy_pro \ WWW \ EC"下新建名为"doAdminAction. php"的文件。

Step02 编辑"doAdminAction. php"文件，实现添加管理员功能，代码如下。

```
1. <? php
2.    require_once("include/common. inc. php");
3.    checkSession();
4.    $ act = isset( $_GET[' act' ])? $_GET[' act' ]:null;
5.    $ id = isset( $_REQUEST[' id' ]) ? trim( $_REQUEST[' id' ]) : null;
6.    if( $ act == ' addAdmin' ){
7.        $ res = addAdmin();
8.        echo $ res;
```

```
9.   }
10. ? >
```

第 2 行使用 require_once()函数包含"include/common. inc. php"文件。

第 3 行调用 checkSession()函数进行会话管理。

第 4 行对以 GET 请求方式传入的 $_GET[' act']进行预处理。

第 5~7 行判断 $ act 传入的参数是否为"addAdmin"，若满足条件则调用 addAdmin()函数完成用户添加操作，将函数结果赋给变量 res，并输出变量 res。

11.3.3　管理员管理–管理员列表功能实现

实现管理员的修改

实现管理员的删除

实现管理员的查询

从"listAdmin. php"文件得出，管理员列表的主要功能是显示所有管理员信息，同时提供"修改""修改密码""删除"功能。单击"修改"时跳转至"editAdmin. php"文件，单击"修改密码"时跳转至"editPassword. php"文件，单击"删除"时弹窗提示"确认删除吗？"，单击"提交"时跳转至"doadminAction. php"文件并传入 GET 参数。

1. 前端文件完善

Step01　编辑"listAdmin. php"文件，实现查询数据表"ecdb_admin"中所有数据内容并显示的功能，部分代码如下。

```
1. <? php
2.   include "include/common. inc. php";
3.   checkSession();
4.   global  $ con;
5.   $ sql  =  "select id,userName,email from ecdb_admin";
6.   $ rows  =  fetchAll( $ con, $ sql);
7.   if(! $ rows){
8.     showMsg(' 无管理员,请先添加管理员！',' addAdmin. php' );
9.   }
```

第 4 行声明全局变量 $ con。

第 5 行构造 SQL 语句，查询数据库"ecdb"中的"id""userName""email"属性。

第 6 行调用 fetchAll()函数执行查询命令，并将查询结果以数组的形式赋给变量 rows。

第 7~9 行对变量 rows 进行判断，若为 false 则弹窗提示"无管理员，请先添加管理员！"，单击"确定"按钮时跳转至"addAdmin. php"文件。

第 31 行使用 foreach()函数，循环取出变量 rows 数组中的值。

Step02　编辑"editAdmin. php"文件，接收"listAdmin. php"文件传递的参数，部分代码如下。

```
1. <? php
2.   include "include/common. inc. php";
3.   checkSession();
4.   global  $ con;
5.    $ id = isset( $_REQUEST[' id' ]) ? trim( $_REQUEST[' id' ]) : null;
6.    $ sql = "select email from ecdb_admin where id= $ id";
7.    $ row = fetchOne( $ con, $ sql);
8.   if(! $ row){
9.      showMsg(' 管理员不存在' ,' listAdmin. php' );
10.   }
11. ? >
```

第 4 行声明全局变量 $ con。

第 5 行对"listAdmin. php"文件传递的 $_REQUEST[' id']使用三目运算符进行处理。

第 6 行构造 SQL 语句。

第 7 行调用 fetchOne()函数执行 SQL 语句，将执行结果赋给变量 row。

第 8~10 行判断变量 row 的值，为 false 时调用 showMsg()函数，弹窗提示"管理员不存在"，单击"确定"按钮时跳转至"listAdmin. php"文件。

第 21~31 行提供修改邮箱的表单，单击"修改管理员"时将表单内容以 POST 请求方式传递给"doAdminAction. php"文件，同时以 GET 请求方式将 "act = editAdmin&id = <? php echo $ id;? >"的值传递给"doAdminAction. php"文件。

Step03　编辑"editPassword. php"文件，接收"listAdmin. php"文件传递的参数，部分代码如下。

```
1. <? php
2.   include "include/common. inc. php";
3.   checkSession();
4.   global  $ con;
5.    $ id = isset( $_REQUEST[' id' ]) ? trim( $_REQUEST[' id' ]) : null;
6.    $ sql = "select id from ecdb_admin where id= $ id";
7.    $ row = fetchOne( $ con, $ sql);
8.   if(!  $ row){
9.      showMsg(' 管理员不存在' ,' listAdmin. php' );
10.   }
11. ? >
```

第 4 行声明全局变量 $ con。

第 5 行对"listAdmin. php"文件中通过 GET 请求方式传递的 $_REQUEST[' id']使用三目运算符进行处理。

第6行构造 SQL 语句。

第7行调用 fetchOne() 函数执行 SQL 语句，将执行结果赋给变量 row。

第8~10行判断变量 row 的值，为 false 时调用 showMsg() 函数，弹窗提示"管理员不存在"，单击"确定"按钮时跳转至"listAdmin. php"文件。

第21~36行提供修改邮箱的表单，单击"修改密码"时将表单内容以 POST 请求方式传递给"doAdminAction. php"文件，同时以 GET 请求方式将"act = editAdmin&id = <? php echo $ id;? >"的值传递给"doAdminAction. php"文件。

2. 公用函数实现

Step01　继续编辑"admin. fun. php"文件，实现 editAdmin() 函数，代码如下。

```
1. function editAdmin( $ id){
2.    global  $ con;
3.     $ arr[' email' ] =  $_POST[' email' ];
4.     $ res = update( $ con,' ecdb_admin' , $ arr,"id = { $ id}");
5.    if( $ res >= 0){
6.       $ res = "<h3>修改成功</h3><a href=' listAdmin. php' >查看管理员列表</a>";
7.    }
8.    else{
9.       $ res = "<h3>修改失败</h3><a href=' listAdmin. php' >查看管理员列表</a>";
10.    }
11.    return  $ res;
12. }
```

第1行定义 editAdmin($ id) 函数，其中 $ id 为数据表"ecdb_admin"的"id"属性，该函数的主要功能是修改管理员邮箱。

第2行声明全局变量 $ con。

第3行接收通过 POST 请求方式传递的" $_POST[' email']"参数，并存入 $ arr 数组，其中数组的键值为数据表"ecdb_admin"中的"email"属性。

第4行调用 update() 函数，更新数据表"ecdb_admin"中的邮箱信息。

第5~10行对 update() 函数执行结果进行判断，结果为 ture 时提示"修改成功"，并以超链接的形式提供"listAdmin. php"文件链接，结果为 false 时提示"修改失败"，并以超链接的形式提供"listAdmin. php"文件链接。

第11行将变量 res 作为函数返回值返回。

Step02　继续编辑"admin. fun. php"文件，实现 editPassword() 函数，代码如下。

```
1. function editPassword( $ id){
2.    global  $ con;
3.     $ arr[' passWord' ] =  $_POST[' passWord' ];
4.    if( $ arr[' passWord' ] = = =  $_POST[' passWord2' ]){
5.      $ arr[' passWord' ] = md5( $ arr[' passWord' ]);
6.      $ res   = update( $ con,' ecdb_admin' , $ arr,"id = { $ id}");
7.      if( $ res >=0){
8.         $ res = "<h3>修改成功</h3><a href=' listAdmin. php' >查看管理员列表</a>";
9.      }else{
10.        $ res = "<h3>修改失败</h3><a href=' listAdmin. php' >查看管理员列表</a>";
11.     }
12.   }else{
13.      $ res = "<h3>密码不一致</h3><a href=' editPassword. php? id={ $ id}' >重新修改</a>";
14.   }
15.   return  $ res;
16. }
```

第 1 行定义 editPassword($ id)函数，其中 $ id 为数据表"ecdb_admin"的"id"属性。该函数的主要功能是修改管理员密码。

第 2 行声明全局变量 $ con。

第 3 行接收通过 POST 请求方式传递的" $_POST[' passWord']"参数，并存入 $ arr 数组。其中数组的键值为数据表"ecdb_admin"中的"passWord"属性。

第 4 行判断通过 POST 请求传递的" $_POST[' passWord2']"参数与 $ arr[' passWord']是否相等(实质是判断两次输入的密码是否一致)，相等时执行第 5~11 行代码，不相等时执行第 13 行代码，弹窗提示"密码不一致"，并以超链接的形式提供"editPassword. php? id={ $ id}"链接。

第 5 行将 $ arr[' passWord']的值使用 MD5 方式进行加密，并重新赋值。

第 6 行调用 update()函数，更新数据表"ecdb_admin"中的密码信息。

第 7 行对 update()函数执行结果进行判断，结果为 true 时提示"修改成功"，并以超链接的形式提供"listAdmin. php"文件链接，结果为 false 时提示"修改失败"，并以超链接的形式提供"listAdmin. php"文件链接。

第 15 行将变量 res 作为函数返回值返回。

Step03　继续编辑"admin. fun. php"文件，实现 deleteAdmin()函数，代码如下。

```
1. function deleteAdmin( $ id){
2.    global  $ con;
3.     $ res  =  delete( $ con,' ecdb_admin' ,"id = { $ id}");
4.    if( $ res >= 0 ){
5.        $ res  = "<h3>删除成功</h3><a href=' listAdmin. php' >查看管理员列表</a>";
6.    }else{
7.        $ res  = "<h3>删除失败</h3><a href=' listAdmin. php' >查看管理员列表</a>";
8.    }
9.    return  $ res;
10. }
```

第 1 行定义 deleteAdmin($ id)函数，其中 $ id 为数据表"ecdb_admin"的"id"属性。该函数的主要功能是删除管理员。

第 2 行声明全局变量 $ con。

第 3 行调用 delete()函数删除数据表"ecdb_admin"中的用户信息。

第 4 行对 update()函数执行结果进行判断，结果为 true 时提示"删除成功"，并以超链接的形式提供"listAdmin. php"文件链接，结果为 false 时提示"删除失败"，并以超链接的形式提供"listAdmin. php"文件链接。

3. 后端处理文件

编辑"doAdminAction. php"文件，实现管理员列表中的"修改""修改密码""删除"功能，代码如下。

```
1. <? php
2.    require_once("include/common. inc. php");
3.    checkSession();
4.     $ act  =  isset( $ _GET[' act' ])?  $ _GET[' act' ]:null;
5.     $ id  =  isset( $ _REQUEST[' id' ]) ? trim( $ _REQUEST[' id' ]) : null;
6.    if( $ act == ' addAdmin' ){
7.        $ res  =  addAdmin();
8.       echo  $ res;
9.    }
10.    elseif ( $ act == ' editAdmin' ){
11.        $ res  =  editAdmin( $ id);
12.       echo  $ res;
13.    }
14.    elseif ( $ act == ' editPassword' ){
15.        $ res  =  editPassword( $ id);
16.       echo  $ res;
17.    }
```

```
18.    elseif ( $ act == "deleteAdmin"){
19.        $ res = deleteAdmin( $ id);
20.        echo $ res;
21.    }
22. ? >
```

第 10～13 行判断通过 GET 请求方式传递的值，若为"editAdmin"则调用 editAdmin($ id) 函数执行修改管理员邮箱功能，并输出函数返回结果，其中 $ id 为"editAdmin. php"文件通过 GET 请求方式传入的参数。

第 14～17 行判断通过 GET 请求方式传递的值，若为"editPassword"则调用 editPassword ($ id)函数执行修改管理员密码功能，并输出函数返回结果，其中 $ id 为"editPassword. php" 文件通过 GET 请求方式传入的参数。

第 18～21 行判断通过 GET 请求方式传递的值，若为"deleteAdmin"则调用 deleteAdmin ($ id)函数执行删除管理员功能，并输出函数返回结果，其中 $ id 为"listAdmin. php"文件通过 GET 请求方式传入的参数。

💻 11. 3. 4 文件整理

整理"admin. fun. php"文件中的用户操作函数，完善"admin. fun. php"文件，代码如下。

```
1. <? php
2.    //检测用户名和密码是否正确
3.    function checkLogin( $ user, $ passwd){
4.        $ passwd = md5( $ passwd);
5.        $ sql = "select *  from ecdb_admin where userName=' { $ user}' and passWord=' { $ passwd}' ";
6.        global $ con;
7.        $ res = getRowsNumber( $ con, $ sql);
8.        if( $ res > 0){
9.            return true;
10.        }else{
11.            return false;
12.        }
13. }
14. //设置 Cookie,保持会话
15. function keepSession( $ user, $ keep = false){
16.        $ time = time();
17.        $ key = substr(md5( $ user. $ time. ' ec. com' ),4,12);
18.        if(!empty( $ keep)){
19.            setcookie(' user' , $ user,time()+60* 60* 24* 7);
20.            setcookie(' time' , $ time,time()+60* 60* 24* 7);
21.            setcookie(' key' , $ key,time()+60* 60* 24* 7);
```

```
22.    }else{
23.      setcookie(' user' , $ user);
24.      setcookie(' time' , $ time);
25.      setcookie(' key' , $ key);
26.    }
27. }
28. //检查会话
29. function checkSession(){
30.    $ user = isset( $_COOKIE[' user' ]) ? trim( $_COOKIE[' user' ]):null;
31.    $ time = isset( $_COOKIE[' time' ]) ? trim( $_COOKIE[' time' ]):null;
32.    $ key = isset( $_COOKIE[' key' ]) ? trim( $_COOKIE[' key' ]):null;
33.    $ keyver = substr(md5( $ user. $ time. ' ec. com' ),4,12);
34.    if( $ keyver ! == $ key) {
35.      showMsg(' 请先登录' ,' login. php' );
36.    }
37. }
38. //删除 Cookie,清除会话
39. function clearSession(){
40.    setcookie(' user' ,' ' ,time()-1);
41.    setcookie(' time' ,' ' ,time()-1);
42.    setcookie(' key' ,' ' ,time()-1);
43. }
44. //添加管理员
45. function addAdmin(){
46.    global $ con;
47.    $ arr[' userName' ]= $_POST[' userName' ];
48.    $ password = $_POST[' passWord' ];
49.    $ password2 = $_POST[' passWord2' ];
50.    if( $ password ! = $ password2){
51.      return "<a href=' addAdmin. php' >两次输入密码不一致,请重新输入</a>";
52.    }
53.    $ arr[' passWord' ]= md5( $_POST[' passWord' ]);
54.    $ arr[' email' ] = $_POST[' email' ];
55.    $ res = insert( $ con,' ecdb_admin' , $ arr);
56.    if( $ res){
57.      $ res = ' 管理员添加成功<br> <a href = "addAdmin. php">继续添加管理员</a> | <a href = "listAdmin. php">查看管理员列表</a>' ;
58.    }
59.    else{
60.      $ res = ' 管理员添加失败 <br> <a href = "addAdmin. php">重新添加管理员</a> | <a href = "listAdmin. php">查看管理员列表</a>' ;
61.    }
62.    return $ res;
63. }
```

```
64. //修改管理员邮箱
65. function editAdmin( $ id){
66.    global  $ con;
67.     $ arr[' email' ] =  $_POST[' email' ];
68.     $ res = update( $ con,' ecdb_admin' , $ arr,"id = { $ id}");
69.    if( $ res >= 0){
70.        $ res = "<h3>修改成功</h3><a href=' listAdmin. php' >查看管理员列表</a>";
71.    }
72.    else{
73.        $ res = "<h3>修改失败</h3><a href=' listAdmin. php' >查看管理员列表</a>";
74.    }
75.    return  $ res;
76. }
77. //修改管理员密码
78. function editPassword( $ id){
79.    global  $ con;
80.     $ arr[' passWord' ] =  $_POST[' passWord' ];
81.    if( $ arr[' passWord' ] === $_POST[' passWord2' ]){
82.        $ arr[' passWord' ] = md5( $ arr[' passWord' ]);
83.        $ res   = update( $ con,' ecdb_admin' , $ arr,"id = { $ id}");
84.        if( $ res >=0){
85.            $ res = "<h3>修改成功</h3><a href=' listAdmin. php' >查看管理员列表</a>";
86.        }else{
87.            $ res = "<h3>修改失败</h3><a href=' listAdmin. php' >查看管理员列表</a>";
88.        }
89.    }else{
90.        $ res = "<h3>密码不一致</h3><a href=' editPassword. php? id = { $ id}' >重新修改</a>";
91.    }
92.    return  $ res;
93. }
94. //删除管理员账号
95. function deleteAdmin( $ id){
96.    global  $ con;
97.     $ res = delete( $ con,' ecdb_admin' ,"id = { $ id}");
98.    if( $ res >= 0 ){
99.        $ res = "<h3>删除成功</h3><a href=' listAdmin. php' >查看管理员列表</a>";
100.   }else{
101.       $ res = "<h3>删除失败</h3><a href=' listAdmin. php' >查看管理员列表</a>";
102.   }
103.   return  $ res;
104. }
105. ? >
```

11.3.5　功能验证

Step01　添加管理员用户"xiaoan"。通过浏览器访问"www.ec.com"，成功登录后，依次单击"管理员管理""添加管理员"，在右侧的页面中输入管理员信息（密码与确认密码均为"xiaoan"），如图 11-2 所示。

图 11-2　添加管理员

单击"添加管理员"，页面提示"管理员添加成功"，同时提供"继续添加管理员"与"查看管理员列表"链接，如图 11-3 所示。单击"继续添加管理员"链接，会跳转到"添加管理员"页面，如图 11-2 所示。单击"查看管理员列表"链接，会跳转至"管理员列表"页面。

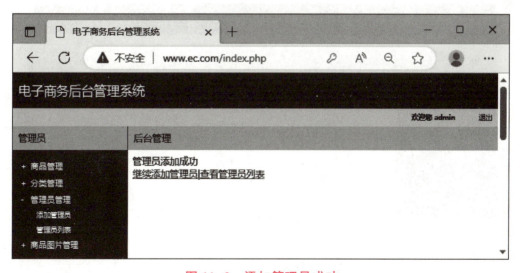

图 11-3　添加管理员成功

添加管理员时，若两次输入密码不一致，单击"添加管理员"，页面会提示"两次输入密码不一致，请重新输入"，单击链接后会跳转至"添加管理员"页面。

Step02　单击主页面右上角的"退出"按钮可成功退出，使用 Step01 中新建的管理员用户"xiaoan"进行登录，成功登录后页面右上角显示"欢迎您 xiaoan"，如图 11-4 所示。

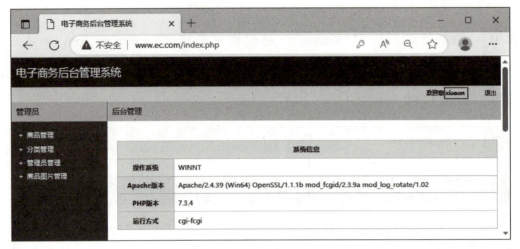

图 11-4　新用户成功登录.

Step03　通过浏览器访问"www.ec.com"，成功登录后，依次单击"管理员管理""管理员列表"，在右侧的页面中可以看到已创建的管理员信息，如图 11-5 所示。

Step04　修改"xiaoan"账号的邮箱为"XIAOAN@ec.com"。在"管理员列表"页面的"xiaoan"用户信息处单击"修改"，会跳转至修改邮箱页面"editAdmin.php"，如图 11-6 所示。

图 11-5　管理员列表

图 11-6 修改管理员信息

在"邮箱"处输入"XIAOAN@ec.com"后单击"修改管理员",页面提示"修改成功",同时提供"查看管理员列表"链接,如图 11-7 所示。单击"查看管理员列表"链接,会跳转至"管理员列表"页面,如图 11-5 所示。

图 11-7 修改管理员邮箱成功

Step05 修改"xiaoan"账号的密码为"123456"。在"管理员列表"页面的"xiaoan"用户信息处单击"修改密码",会跳转至修改密码页面"editPassword.php",如图 11-8 所示。

图 11-8 修改管理员密码

在"新密码"和"确认密码"处输入"123456",单击"修改密码",页面提示"修改成功",同时提供"查看管理员列表"链接,如图 11-7 所示。单击"查看管理员链接",会跳转至"管理员列表"页面,如图 11-5 所示。

Step06 删除账号。单击"添加管理员",添加测试账号"test",添加成功后在"管理员列表"页面的"test"账户处单击"删除"时会弹窗提示"确定删除吗?",如图 11-9 所示。

图 11-9 弹窗提示

在弹窗中单击"确定"按钮,页面提示"删除成功",同时提供"查看管理员列表"链接,如图 11-10 所示。单击"查看管理员列表"链接,会跳转至"管理员列表"页面。

图 11-10 删除成功

在"管理员列表"页面,可以看到"test"账户被成功删除,如图 11-11 所示。

图 11-11　删除后的管理员列表

11.4　项目拓展

结合"知识准备"内容，完成网站后台分类管理模块。

11.4.1　分类管理-添加分类功能实现

商品分类
的添加

1. 公用函数实现

Step01　在"www. ec. com"网站目录"D:\phpstudy_pro\WWW\EC\include"下新建名为"cate. fun. php"的文件。

Step02　编辑"cate. fun. php"文件，实现 addCate()函数，代码如下。

```
1. function addCate(){
2.    global  $ con;
3.    $ arr[' cName' ] = $_POST[' cName' ];
4.    $ res = insert( $ con,' ecdb_cate' , $ arr);
5.    if( $ res){
6.      $ res = "<h3>添加成功</h3><a href=' addCate. php' >继续添加</a> | <a href=' listCate. php' >查看
分类列表</a>";
7.    }else{
8.      $ res = "<h3>添加失败</h3><a href=' addCate. php' >重新添加</a> | <a href=' listCate. php' >查看
分类列表</a>";
9.    }
```

```
10.    return $ res;
11. }
```

第 1 行定义 addCate()函数，该函数的主要功能是添加分类。

第 2 行声明全局变量 $ con。

第 3 行将通过 POST 请求方式从前端"addCate. php"文件中传入的分类名存入 arr 一维数组，其中键值为数据表"ecdb_cate"中的"cName"属性。

第 4 行调用 insert()函数，向数据表"ecdb_cate"中添加数据，并将函数返回值插入语句产生的自增 ID 赋给变量 res。

第 5～9 行对变量 res 进行判断，若为 true 则提示"添加成功"，以超链接的形式提供"addCate. php"与"listCate. php"文件链接并赋给 $ res；若为 false 则提示"添加失败"，以超链接的方式提供"addCate. php"与"listCate. php"文件链接并赋给 $ res。

第 10 行将变量 res 作为函数返回值返回。

2. 公用配置文件

编辑"common. inc. php"文件（文件位置："D:\phpstudy_pro\WWW\EC\include"），代码如下。

```
1. <? php
2.    date_default_timezone_set(' Asia/shanghai' );
3.    header("content-Type:text/html;charset=utf-8");
4.    session_start();
5.    require_once(' config. php' );
6.    require_once(' mysql. fun. php' );
7.    require_once(' admin. fun. php' );
8.    require_once(' common. fun. php' );
9.    require_once(' cate. fun. php' );
10.    $ con = connect();
11. ? >
```

第 9 行使用 require_once()函数，包含"cate. fun. php"文件。

3. 后端处理文件

编辑"doAdminAction. php"文件（文件位置："D:\phpstudy_pro\WWW\EC"），在"doAdminAction. php"文件中添加下述代码，实现添加分类操作。

```
1. elseif ( $ act == "addCate"){
2.    $ res = addCate();
3.    echo $ res;
4. }
```

第 1～4 行判断 $ act 传入的参数是否为"addCate"，若满足条件则调用 addCate()函数完成分类添加操作，将函数结果赋给变量 res，并输出变量 res。

11.4.2　分类管理-分类列表功能实现

1. 前端文件完善

商品分类的
增删改查

Step01　编辑"listCate. php"文件，查询数据表"ecdb_cate"中所有数据内容并显示。"listCate. php"文件部分代码如下。

```php
1. <? php
2.   include "include/common. inc. php";
3.   checkSession();
4.   global  $ con;
5.    $ sql  =  "select id,cName from ecdb_cate";
6.    $ rows  =  fetchAll( $ con, $ sql);
7. ? >
```

第 4 行声明全局变量 $ con。

第 5 行构造 SQL 语句，查询数据表"ecdb_cate"中的"id""cName"属性。

第 6 行调用 fetchAll()函数执行查询命令，并将查询结果的返回值（返回值为数组）赋给变量 rows。

商品分类
的修改

Step02　编辑"editCate. php"文件，接收"listCate. php"文件提供的以 GET 请求方式传递的参数，并检测分类是否存在，代码如下。

```php
1. <? php
2.   include "include/common. inc. php";
3.   checkSession();
4.   global  $ con;
5.    $ id = isset( $_REQUEST[' id' ]) ? trim( $_REQUEST[' id' ]) : null;
6.    $ sql  = "select cName from ecdb_cate where id= $ id";
7.    $ row  = fetchOne( $ con, $ sql);
8.   if(! $ row){
9.      showMsg(' 分类不存在' ,' listCate. php' );
10.    }
11. ? >
```

第 4 行声明全局变量 $ con。

第 5 行接收"listCate. php"文件中通过 GET 请求方式传递的参数，并赋给变量 id。

第 6 行构造 sql 语句，查询数据表"ecdb_cate"中属性为" $ id"的"cName"属性值。

第 7 行调用 fetchAll()函数执行查询命令，并将查询结果的返回值（返回值为数组）赋给变量 row。

第 8~10 行判断 $ row 是否为 false，为 false 时调用 showMsg()函数，弹窗提示"分类不存在"，并跳转至"listCate. php"文件。

2. 公用函数实现

Step01　继续编辑"cate. fun. php"文件，实现 editCate()函数，代码如下。

```
1. function editCate( $ id){
2.    global  $ con;
3.     $ arr[' cName' ] =  $_POST[' cName' ];
4.     $ res = update( $ con,' ecdb_cate' , $ arr,"id={ $ id}");
5.    if( $ res >= 0){
6.        $ res = "<h3>修改成功</h3><a href=' listCate. php' >查看分类列表</a>";
7.    }else{
8.        $ res = "<h3>修改失败</h3><a href=' editCate. php? id={ $ id}' >重新修改</a> | <a href='
listCate. php' >查看分类列表</a>";
9.    }
10.    return  $ res;
11. }
```

第 1 行定义 editCate($ id)函数，其中 $ id 为数据表"ecdb_cate"的"id"属性，该函数的主要功能是修改分类名称。

第 2 行声明全局变量 $ con。

第 3 行接收通过 POST 请求方式传递的" $_POST[' cName']"参数，并存入 $ arr 数组。其中数组的键值为数据表"ecdb_cate"中的"cName"属性。

第 4 行调用 update()函数更新数据表"ecdb_cate"中的邮箱信息。

第 5~9 行对 update()函数执行结果进行判断，结果为 true 时提示"修改成功"，并以超链接的形式提供"listCate. php"文件链接，结果为 false 时提示"修改失败"，并以超链接的形式提供"listCate. php"文件链接。

第 10 行将变量 res 作为函数返回值返回。

Step02　继续编辑"cate. fun. php"文件，实现 deleteCate()函数，代码如下。

```
1. function deleteCate( $ id){
2.    global  $ con;
3.     $ res = delete( $ con,' ecdb_cate' ,"id={ $ id}");
4.    if( $ res >= 0){
5.        $ res = "<h3>删除成功</h3><a href=' listCate. php' >查看分类列表</a>";
6.    }else{
7.        $ res = "<h3>删除失败</h3><a href=' listCate. php' >查看分类列表</a>";
8.    }
9.    return  $ res;
10. }
```

第 1 行定义 deleteCate($ id)函数，其中 $ id 为数据表"ecdb_cate"的"id"属性，该函数的主要功能是删除分类。

第 2 行声明全局变量 $ con。

第 3 行调用 delete()函数删除数据表"ecdb_cate"中的数据。

第 4~8 行对 delete()函数执行结果进行判断,结果为 true 时提示"删除成功",并以超链接的形式提供"listCate. php"文件链接,结果为 false 时提示"删除失败",并以超链接的形式提供"listCate. php"文件链接。

第 10 行将变量 res 作为函数返回值返回。

3. 后端处理文件

编辑"doAdminAction. php"文件,添加下述代码,实现添加分类列表中修改和删除的功能。

```
1. elseif ( $ act == "editCate")
2. {
3.     $ res = editCate( $ id);
4.     echo  $ res;
5. }
6. elseif ( $ act == "deleteCate")
7. {
8.     $ res = deleteCate( $ id);
9.     echo  $ res;
10. }
```

第 1~5 行判断 $ act 传入的参数是否为"editCate",若满足条件则调用 editCate()函数完成分类修改操作,将函数结果赋给变量 res,并输出变量 res。

第 6~10 行判断 $ act 传入的参数是否为"deleteCate",若满足条件则调用 deleteCate()函数完成分类删除操作,将函数结果赋给变量 res,并输出变量 res。

11. 4. 3　文件整理

Step01　整理"cate. fun. php"文件中的用户操作函数,完善"cate. fun. php"函数,代码如下。

```
1. <? php
2. //添加分类
3. function addCate(){
4.     global  $ con;
5.     $ arr[' cName' ] = $ _POST[' cName' ];
6.     $ res = insert( $ con,' ecdb_cate' , $ arr);
7.     if( $ res){
8.         $ res = "<h3>添加成功</h3><a href=' addCate. php' >继续添加</a> | <a href=' listCate. php' >查看分类列表</a>";
9.         }else{
```

```
10.        $ res = "<h3>添加失败</h3><a href=' addCate. php' >重新添加</a> | <a href=' listCate. php' >查
看分类列表</a>";
11.    }
12.      return  $ res;
13.  }
14.  //修改分类
15.  function editCate( $ id){
16.    global  $ con;
17.     $ arr[' cName' ] =  $_POST[' cName' ];
18.     $ res = update( $ con,' ecdb_cate' , $ arr,"id={ $ id}");
19.     if( $ res >= 0){
20.        $ res = "<h3>修改成功</h3><a href=' listCate. php' >查看分类列表</a>";
21.    }else{
22.        $ res = "<h3>修改失败</h3><a href=' editCate. php?  id={ $ id}' >重新修改</a> | <a href='
listCate. php' >查看分类列表</a>";
23.    }
24.      return  $ res;
25.  }
26.  //删除分类
27.  function deleteCate( $ id){
28.    global  $ con;
29.     $ res = delete( $ con,' ecdb_cate' ,"id={ $ id}");
30.     if( $ res >= 0){
31.        $ res = "<h3>删除成功</h3><a href=' listCate. php' >查看分类列表</a>";
32.    }else{
33.        $ res = "<h3>删除失败</h3><a href=' listCate. php' >查看分类列表</a>";
34.    }
35.      return  $ res;
36.  }
37. ? >
```

Step02 整理完善"doAdminAction. php"文件中的分类操作函数，代码如下。

```
1. <? php
2.   require_once("include/common. inc. php");
3.   checkSession();
4.    $ act = isset( $_GET[' act' ])?  $_GET[' act' ]:null;
5.    $ id = isset( $_REQUEST[' id' ]) ? trim( $_REQUEST[' id' ]) : null;
6.   if( $ act == ' addAdmin' ){
7.      $ res = addAdmin();
8.     echo  $ res;
9.   }
10.  elseif ( $ act == ' editAdmin' ){
11.     $ res = editAdmin( $ id);
12.     echo  $ res;
```

```
13.   }
14.   elseif ( $ act == ' editPassword' ){
15.     $ res = editPassword( $ id);
16.     echo  $ res;
17.   }
18.   elseif ( $ act == "deleteAdmin"){
19.     $ res = deleteAdmin( $ id);
20.     echo  $ res;
21.   }
22.   elseif ( $ act == "addCate"){
23.     $ res = addCate();
24.     echo  $ res;
25.   }
26.   elseif ( $ act == "editCate")
27.   {
28.     $ res = editCate( $ id);
29.     echo  $ res;
30.   }
31.   elseif ( $ act == "deleteCate")
32.   {
33.     $ res = deleteCate( $ id);
34.   echo  $ res;
35.   }
36. ? >
```

🖥 11. 4. 4　功能验证

Step01　添加分类"衬衣"。通过浏览器访问"www.ec.com"，成功登录后，依次单击
"分类管理""添加分类"，在右侧的页面中输入分类名称"衬衣"，如图 11-12 所示。

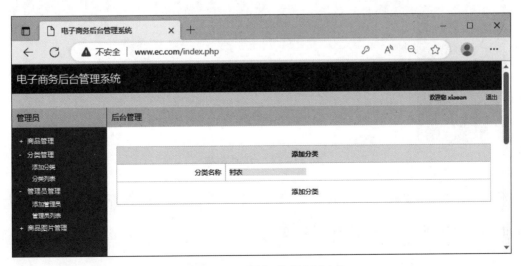

图 11-12　添加分类"衬衣"

Step02　单击"添加分类"，页面提示"添加成功"，同时提供"继续添加"与"查看分类列表"链接，如图 11-13 所示。单击"继续添加"链接，会跳转到"添加分类"页面，如图 11-12 所示。单击"查看分类列表"链接，会跳转至"分类列表"页面。

图 11-13　添加分类成功

重复上述操作，添加分类"test"用于测试后续功能。

Step03　单击"分类列表"，在右侧的页面中可以看到已创建的分类信息，同时提供了"修改"和"删除"功能，如图 11-14 所示。

图 11-14　分类列表

Step04　在"分类列表"页面的分类"test"处，单击"修改"按钮，页面会跳转至"修改分类"页面"editCate. php"，如图 11-15 所示。

图 11-15 修改分类信息

将分类名称改为"短袖"后单击"修改分类",页面提示"修改成功",同时提供"查看分类列表"链接,如图 11-16 所示。单击"查看分类列表"链接,会跳转到"分类列表"页面。

图 11-16 修改分类信息成功

Step05 删除分类"短袖"。在"分类列表"页面的分类"短袖"处,单击"删除"按钮,弹窗提示"确定删除吗?",如图 11-17 所示。

在弹窗中单击"确定"按钮,页面提示"删除成功",同时提供"查看分类列表"链接,单击"查看分类列表"链接,会跳转至"分类列表"页面,可看到分类"短袖"被成功删除,如图 11-18 所示。

图 11-17　删除分类

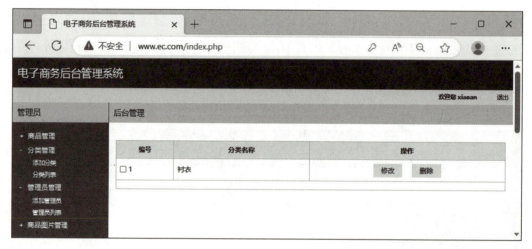

图 11-18　删除分类成功

11.5　项目小结

本项目的学习实现了两个关键的功能模块。首先是管理员管理模块，它涵盖用户登录、权限配置和用户管理等核心环节；其次是分类管理模块，它包括分类的创建、编辑、删除以及展示等功能。本项目的学习和实现加深了学生对每个模块基本功能的理解和掌握，培养了学生将理论知识灵活应用到实际项目中的能力。本项目知识小结如图 11-19 所示。

管理员管理及分类管理模块
├─ 管理员管理模块功能分析
│　├─ 添加管理员功能
│　└─ 管理员列表功能
├─ 分类管理模块功能分析
│　├─ 添加分类功能
│　└─ 分类列表功能
└─ 公共文件设计
　　├─ "admin.fun.php" 文件 ── "admin.fun.php" 文件的主要功能是存储会话管理及管理员操作相关函数（添加管理员、修改管理员、修改密码、删除密码）
　　└─ "cate.fun.php" 文件 ── "cate.fun.php" 文件的主要功能是存储分类操作相关函数（添加分类、修改分类、删除分类）。

图 11-19　项目 11 知识小结

11.6　实战强化

本项目中成功构建了电子商务后台管理系统的两大核心模块。为了进一步提升系统的实用性和操作体验，请在实战强化环节中实现商品管理模块和商品图片管理模块。结合项目中提供的实例代码，完善以下 8 个 PHP 文件，确保项目功能的完整性。

【说明】

1. 商品管理模块功能分析与实现

商品管理模块提供了"添加商品""商品列表"两个标签，单击"添加商品"跳转至"addpro. php"文件，单击"商品列表"跳转至"listCate. php"文件。

2. 商品图片管理模块功能分析与实现

商品图片管理模块提供了"商品图片列表"标签，单击"商品图片列表"跳转至"listProImages. php"文件。"listProImages. php"文件提供了所有商品图片信息的显示功能，同时提供添加水印功能，单击"添加水印"后跳转至""doAdminAction. php? act = addWatermark&id ="+id"，添加水印时需要通过数据库中的文件名获取本地图片信息，在本地图片中写入一串字符串作为水印。

3. 公共文件设计

在网站编程中通常将模块功能中同类功能的函数写入文件，这类文件统一放入"include"文件夹。

1）"upload. fun. php"文件

"upload. fun. php"文件的主要功能是文件上传相关函数（上传文件、处理多文件上传）。

2）"cate. fun. php"文件

商品管理的增删改查

实现商品的查询

实现管理员的修改

实现管理员的删除

"cate. fun. php"文件的主要功能是存储分类操作相关函数(获取全部分类信息、获取对应 id 的分类名称)。

3)"common. fun. php"文件

"common. fun. php"文件的主要功能是存储公用函数(获取文件后缀、生成随机字符串)。

查询商品图片

4)"pro. fun. php"文件

"pro. fun. php"文件的主要功能是存储商品操作相关函数(删除商品表中记录、删除商品图片表中记录、根据商品 id 获取对应的图片信息、删除上传至本地的图片、添加商品、修改商品、删除商品)。

添加水印

5)"image. fun. php"文件

"image. fun. php"文件的主要功能是存储商品图片操作相关函数(向图片写入内容、添加水印)。